〈生物多様性〉

鷲谷いづみ

イラスト・宮本いくこ

岩波ブックレット No. 785

はじめに

最近、新聞やテレビでも、「生物多様性」や「種の絶滅」という言葉がよく使われるようになりました。

「生物多様性」とは、「生物種の多様性」「同じ種のなかでの個性の多様性」「生態系の多様性」を含む、生命にあらわれているあらゆる多様性のことです。一九九二年にブラジルのリオ・デ・ジャネイロで開かれた地球サミットで「生物多様性条約」が採択されて以降、健全な生態系を維持し、持続可能な社会を築くためのキーワードとして使われてきました。

現代の日々のくらしのなかでは、ある生物が滅んだとしても、私たちの生活に何らかの影響がおよぶとは思えないかもしれません。しかし、衣食住はもとより、私たちの心豊かなくらしは、それをささえてくれる「豊かな自然」なしには成り立ちません。

人為的気候変動(地球温暖化)と生物多様性の危機は、とりわけ憂慮すべき問題ですが、現在、いずれの問題も、解決からはほど遠い状況にあります。私たち人類を含む生命にとって危険な方向への変化をおしとどめるためには、国際的な連携による対策が求められる一方で、ひとりひとりがこの問題に関心をもち、理解を深めることが必要です。

生物多様性には、四〇億年にわたる地球の生命史が凝縮されています。また、その現状には、人類と自然環境のかかわりあいの歴史が色濃く反映されています。それは、子どもや孫をはじめ将来世代の必要（ニーズ）を損なうことなく、現世代のニーズを満たすことを保障する、「持続可能性」という目標に照らしたときの、今日の人間の活動の危うさを映す鏡でもあるのです。

本ブックレットは、生物多様性の科学的な意味と社会的な意義を理解する「手引き」として役立てていただくために、執筆しました。これが広く、学習、対話、実践などの場で利用され、これからも私たち人間が地球で豊かなくらしを営むための鍵《かぎ》となる、「生物多様性の保全と持続可能な利用」に向けた取り組みの進展に、寄与することを願っています。

鷲谷　いづみ

図1-1

1　誤解されがちな「自然を守ること」

園芸植物を植える功罪

自然を守るための善き行いは、「花や虫をとらない」「木や花を植える」「鳥や獣に餌《えさ》を与える」――それは、時には正しいことはあっても、多くの場面ではむしろ、人々を自然にとって有害な行為に導く思い違いである。

上の二枚の写真を見比べてほしい（図**1**-**1**、図**1**-**2**）。

一方は、河原の自然の植生、もう一方はそれを刈り払い整地して育てたコスモスのフラワーベルトである。コスモスの花いっぱいの風景を「すばらしい自然」と感じる人もいるだろう。

しかし、「生物多様性」の視点からのぞましいのは、むしろ左側である。

河原一面に外国原産の園芸植物のコスモスを植えてフラワーベルトにする、里山の雑木を伐《き》って染井《そめい》吉野《よしの》（園芸品種のサクラ）を植える、などは、

図1-2

「生物多様性の保全」という目標に照らせば、つつしむべき行為であることが少なくない。なぜそうなのか。

河原や里山が、人間がつくりだした園芸植物を植えた都市の公園や庭と異なるのは、そこに多様な野生植物で構成される**植生**（生態系における植物からなる部分）があり、それらの植物（**生産者**）に依存して、多様な動物（**消費者**）や微生物（**分解者**）がくらしているという点である（図1-3）。

野生植物は、その場所に**適応**しているもの、すなわち、その場所の自然環境のふるいにかけられて選ばれたものが生き残り、生育している。それらの植物の種類や量によって、生態系としての機能や安定性（一七ページ参照）、そこでくらせる動物や微生物の種類が決まる。

多様性の土台

たとえば、植物食の昆虫など植物を食べる動物は、植物なら何でも餌にできるわけではない。植物は、かたい細胞壁、毒、トゲなどで身を守って

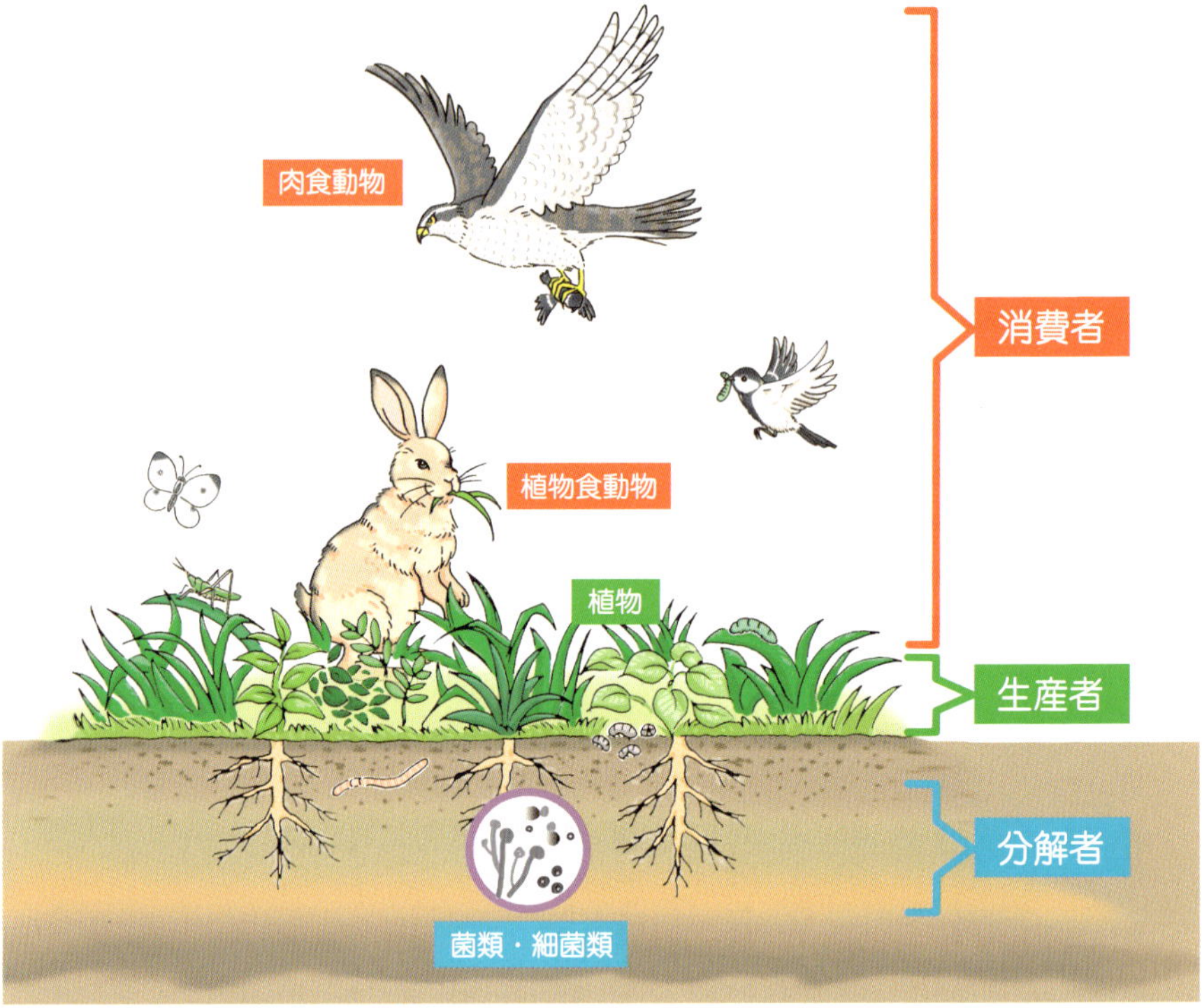

図 1-3　草木や藻類など，光合成で有機物をつくりだす植物を生産者という．

植物を食べる昆虫や動物，それらを食べる肉食動物などを消費者という．

生産者や消費者の死体やふんなどの排出物を分解して無機物にする菌類や細菌類を分解者という．

落ち葉などを食べるミミズやダンゴムシなどの土壌生物も，分解者に含めることがある．

こうした生物群集に加えて，光や温度・水・大気・土壌などの無機的な環境が一体となったシステム(要素と関係の集合)を生態系という．

図 1-4　同じ川でも護岸の方法などによって，生物の多様性は大きく異なる（いずれも東京都の神田川）．

いる。動物は、特別な口の構造、生理的な解《げ》毒《どく》のしくみなどでそれらの防御を打ち破ってはじめて、その植物を餌にすることができる。

動物には、何種類もの植物を食べることのできるジェネラリストがいる一方で、チョウの幼虫のように食草や食樹が決まっているスペシャリストもいる。たとえば、ナミアゲハの幼虫はサンショウやカラタチなどミカン科の植物、キアゲハの幼虫はミツバやセリなどのセリ科の植物しか、餌にできない。

そのため、植物の種類が多ければ多いほど、そこには多くの植物食の動物や、それらを餌にする動物がすむことができる。

それは、菌類など、ほかの生物の死《し》骸《がい》や落ち葉・ふんなどの排出物を土にかえすはたらきをもつ分解者についても、同様である。枯れ葉の種類によって、それを分解できる小動物や微生物の種類が異なる。したがって、多様な野生植物からなる植生は、多様な動物や微生物を宿すことができる。

それを特定の園芸植物だけの単純な植生に置きかえれば、そこでくらせる生物の多様性は大幅に減少する。またそれにともなって、生態系の性質もそのはたらきも大きく変化する。

また、近年では、管理が容易なようにコンクリート三面張りにした河川や水路が多く見られるが、水から陸への環境のゆるやかな変化（エコトーン）が失われると、多様な植物からなる植生が失われるだけではなく、それらに依存する多くの昆虫や小動物の生息環境が失われる（図1-4）。

餌付け・放流は生物のためになるのか

ペットに餌を与えることは飼い主の当然の責任だが、ハクチョウやニホンザルなど野生の鳥獣に「餌を与える（**餌付**《えづ》**けする**）」ことは、特別な場合を除いて、厳重につつしむべきである。

なぜなら、むやみに餌を与えれば、その野生動物を中途半端に「家畜化」してしまうことになる。人から与えられる餌をあてにして、自分で餌をとることができなくなる。給餌《きゅうじ》場所に環境の収容力をこえて同じ種の動物が集中することで、病気の流行をまねくこともある。

また、餌付けは、間接的にほかの生物や生態系に望ましくない影響を与える。たとえば、ハクチョウが餌につられて一つの沼に集中すると、大量のふんなどの排出物によって、沼が**富栄養化**《ふえいようか》（窒《ちっ》素《そ》やリンの化合物による栄養過多。植物プランクトンが増殖して、水がにごること）する。そして、きれいな水を好む生物がすめなくなるなど、沼の生態系が全体として不健全化する。

私たちが動植物に対処するとき、

① もとから日本に生育・生息していた野生生物（**在来種**）なのか。

② 園芸植物やペットなど、家畜化されている生物（栽培／飼育生物）なのか。

③ 意図的あるいは非意図的に、人間活動にともなって外国から持ち込まれて野生化した、**外来生物**なのか。

これらを区別することは、生物多様性の保全を考えるうえで、きわめて重要である。その区別をあいまいにすると、「生きものとの共生」をテーマした環境教育が、誤った認識を広げる有害なものになることもある。

たとえば、日本では「環境教育」と銘《めい》打って、コイなどを子どもたちに**放流**させることがある。じつは、日本の野生のコイは、現在ではごく限られた水域にわずかに残されているだけで、放流されるのはユーラシア原産の飼育型のコイである。

飼育型のコイは、世界的にも代表的な**侵略的外来種**である。侵略的外来種とは、生物多様性、生態系、あるいは人間活動に悪影響を与える外来種のことである(三六ページ参照)。

飼育型のコイは、水質を悪化させたり水草の生育をさまたげたりするなど、環境や生態系に悪影響を与える。また、野生のコイが辛うじて残っている水系での放流は、飼育コイと野生コイが交雑することによって雑種が形成されてしまい、野生のコイを絶滅させる恐れもある。

全国的に人気のあるホタルの放流も、ほかの地域から持ってきたホタルを導入することが果たして環境にとってどのような問題をもたらすか、よく考える必要がある。

ミシシッピアカミミガメなどのペットを自然に放すことも、同様である。

野鳥をよぶために実のなる木を庭に植えることも、場所によっては問題を起こすことがある。実を食べた鳥が種子を運び、実生《みしょう》(種子から発芽して成長した植物)が、里山や河原の植生を変化させるためだ。

住宅地に近い雑木林には、シュロやアオキやヤツデなど、常緑の庭木が多く生えている。庭木としてよく植えられ、赤い実をたくさんつけるピラカンサが、自然にはありえない、赤い実でいっぱいの異様な樹林をつくっている河原もある。

では、なぜそれが問題なのか。生物多様性の視点から、この先の章を読んで、考えてみてほしい。

図2-1　種の多様性のイメージ．種の多様性には，肉眼では見られない微生物や，人類にとって未知のおびただしい数の種も含まれる．

2　生物多様性とは何か

種の多様性

「生物多様性」は、「はじめに」で簡単に述べたように、種の多様性、種内の多様性（同じ種のなかの地域集団の多様性と集団内の個性の多様性）、生態系の多様性（さまざまな種や環境要素がつくるシステムの多様性）を含むものとして定義されている。

「**種の多様性**」は、生物の種類の多様性である（**図2-1**）。それぞれの種には名前（ラテン語の**学名**および**和名**）が与えられている。学名は世界共通で、図鑑などで確認できる。ちなみに私たち現生人類の和名はヒト、学名は*Homo sapiens*（ホモ・サピエンス）である。

種の多様性は生物種の名称のリストで表すことができる。多くの**在来種**（本来その地域に生息・生育する種）がいるほど、その地域の生物の多様性は高い。種数やそれぞれの種の存在量の均衡《きんこう》も考慮した「多様度」などで定量的に表すこともできる。

なお、その国やその地域以外にはどこにもみられない在来種を、**固有種**とよぶ。固有種はそこで絶滅すれば地球から絶滅することになるため、種の多様性の保全における重要性が高い。

生物多様性が豊かな日本列島には、多くの固有種が生育・生息している。日本列島には両生類が六一種生息しているが、固有種の占める率は七四%にも達する。同じ北半球の温帯に属する島国のイギリスでは、両生類は七種のみで固有種がまったくいない。また哺乳《ほにゅう》類も、イギリスには固有種がみられないのに対して、日本列島には、陸生のものだけで三九種の固有種が生息しており、固有種率は三九・四%にのぼる。

種内の多様性

同じ種に属する個体にも、形や色彩や大きさの違い、くせなど行動の違いといった「個性」がある。それらの違い（生物学用語では「変異」）は、親やその祖先から生まれつき受け継いできた遺伝的要素だけでなく、親にはなかった形質が突然あらわれて子に遺伝する**遺伝的変異**の場合もある。

生物の種内には、見た目にはあらわれない遺伝的変異もあり、遺伝マーカー（遺伝的な目印、DNAの特徴ある塩基配列など）で定量的に把握できる。

これらの変異に、地理的に明らかな構造が認められる場合には、**地理的変異**という。同じ場所でくらす個体の集まり（群れ、個体群という）のなかにみられる変異も含めて「**種内の多様性**」とよぶ

図 2-2　種内の多様性の例．同じ「サクラソウ」という種にも，花の色や形に違いがある．

図 **2-3**　日本の里地・里山の例.
さまざまなタイプの樹林・草原・水路・水田・ため池など，異なる性質の生態系が多く組み合わさった複合生態系.
多様な生態系が集まることで，そこにくらせる生物の種類も，衣食住など人間が得られる恩恵の種類も増える.
持続可能で生物多様性の保全にもすぐれた伝統的共生システムとして見直されている.

（図２-２）。ヒトを例とすれば、肌や目や髪の色など集団の間の違いも、日本人の一人一人の個性も、いずれもが「種内の多様性」である。

植樹のときなどには、その地域に特有な遺伝的特性をもつ、地域由来の木を植えるようにすることが、種内の多様性を乱さないために必要である。

生態系の多様性

同じ場所で生活する生物の種同士は、さまざまな関係で結ばれている。「食べる―食べられる」の関係や餌や光などの資源をめぐって競い合う関係だけでなく、花とハナバチのように栄養価のある餌を与えて受粉を助けてもらう、あるいは樹木が鳥に実を与えて種子を運んでもらうなど、必要な資源やサービスを交換する**共生関係**もある。

それら生物間の関係に、化学物質や光などの非生物的な環境要素と生物との関係が加わったシステム、つまり、ある空間におけるあらゆる生物要素、および無生物環境要素とそれらの間の関係の集合が、**生態系**である。

生態系を構成する種の多様性が増すにつれて、関係の多様性は何倍にも増し、複雑な網目状の構造をとる。そのようなシステムである生態系の種類の多様性が、「**生態系の多様性**」である。日本の**里地・里山**のように、樹林と草原と池沼など、異なる性質の生態系が多く組み合わされているほど、生態系の多様性は高い（図２-３）。

せまい空間的範囲であっても、生態系の全体像を把握することは難しいが、目立つ生物間の関係に注目し、その興味深いあり方を観察することは、だれにでもできる。例として、サクラソウから広がる関係のごく一部を図で紹介しよう（図２-４）。

植物の多様性と生態系の機能・安定性

植生を構成する植物の種の多様性は、**一次生産**（光合成によって、植物が有機物を生み出すこと）などの機能とその安定性に大きく影響する。

冒頭にあげたコスモスの例のように、多様な植物からなる植生を、栽培植物の**モノカルチャー**（同じ種類の植物だけを植える単一栽培）の、単純で人

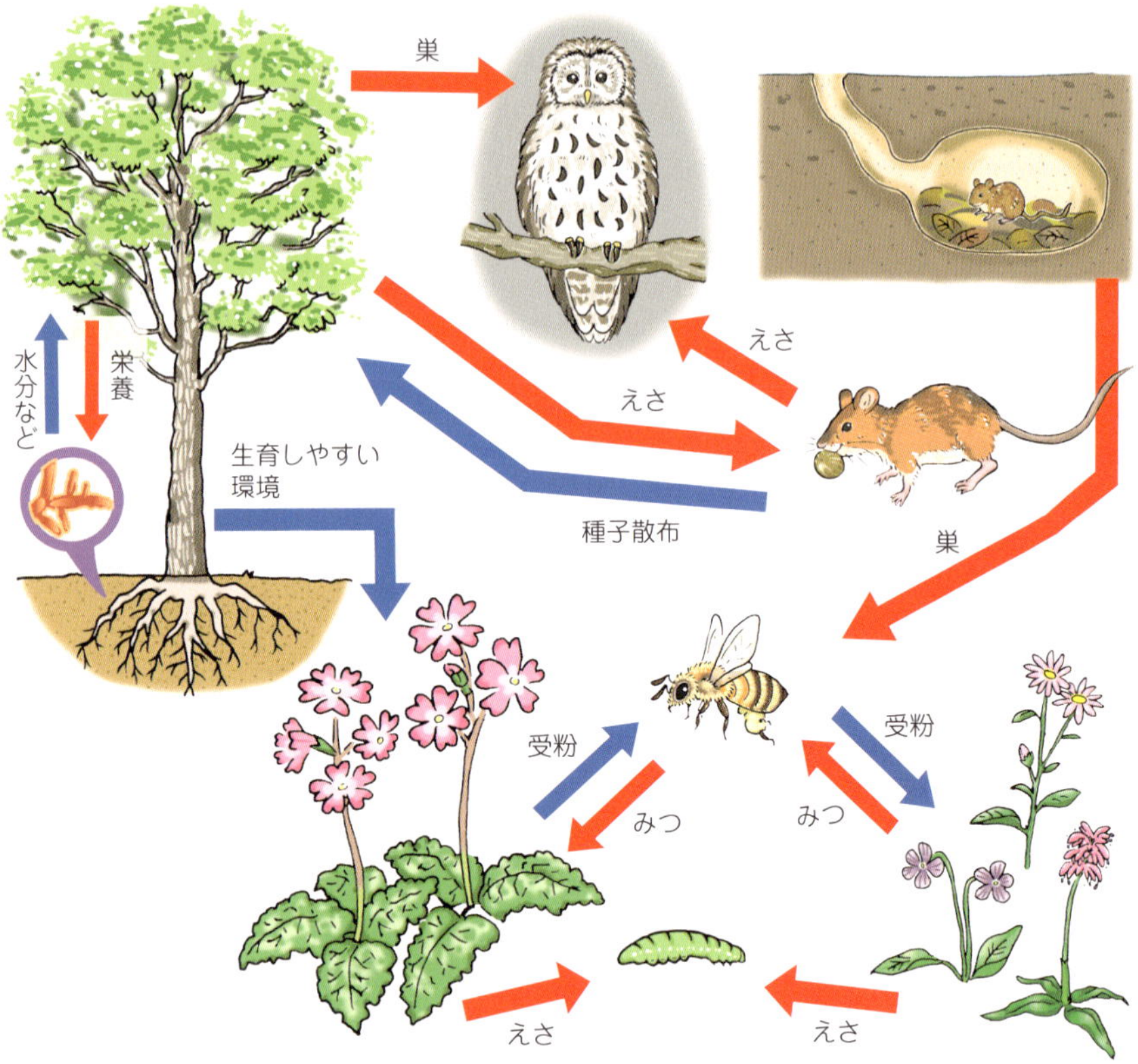

図 **2-4**　サクラソウをめぐる生物間の関係.
サクラソウはトラマルハナバチの女王によって受粉される.
トラマルハナバチは，春から秋まで咲きつぐ花々から蜜《みつ》や花粉を提供され，ネズミなどの古巣に営巣する.
サクラソウの生育には，春やや遅くなって葉を開くカシワ林が適す.
カシワは外生菌根菌と共生する．カシワが光合成して得た栄養を外生菌根菌に提供するかわりに，水分やリンの吸収を助けられる.
カシワのドングリは，ネズミやリスなどの小動物によって運んでうめられ，食べ残されたものが芽を出す.
ネズミなどの小動物は，フクロウやタカのえさになる.
カシワの古木には，フクロウなどが巣をつくる.
どれかが欠けるとどうなるか，想像してみてほしい.

工的な環境に変えることは、生態系の機能不全や不安定化をまねく可能性が大きい。世界各地で問題になっている土壌浸食(降雨や風の影響で栄養豊かな土壌が失われること)や沙漠《さばく》化などは、機能不全が大規模に生じた例である。

一般に、植生においては、植物種の多様性が高いほど一次生産などの**生態系機能**が高く、また環境が変動してもその機能を安定的に維持できる。

その理由として、次のような点があげられる。

① 多数の種を含む植生には、その環境のもとでの生産力が高い種を含む可能性が大きい。

② 異なる環境(たとえば湿潤と乾燥)に適応した種が含まれることで、環境が変化しても、いずれかの種が高い生産力を発揮する。

③ 光・水・**栄養塩**(窒素《ちっそ》やリンなどの元素を含む生物に必要な塩類)などの資源の利用において

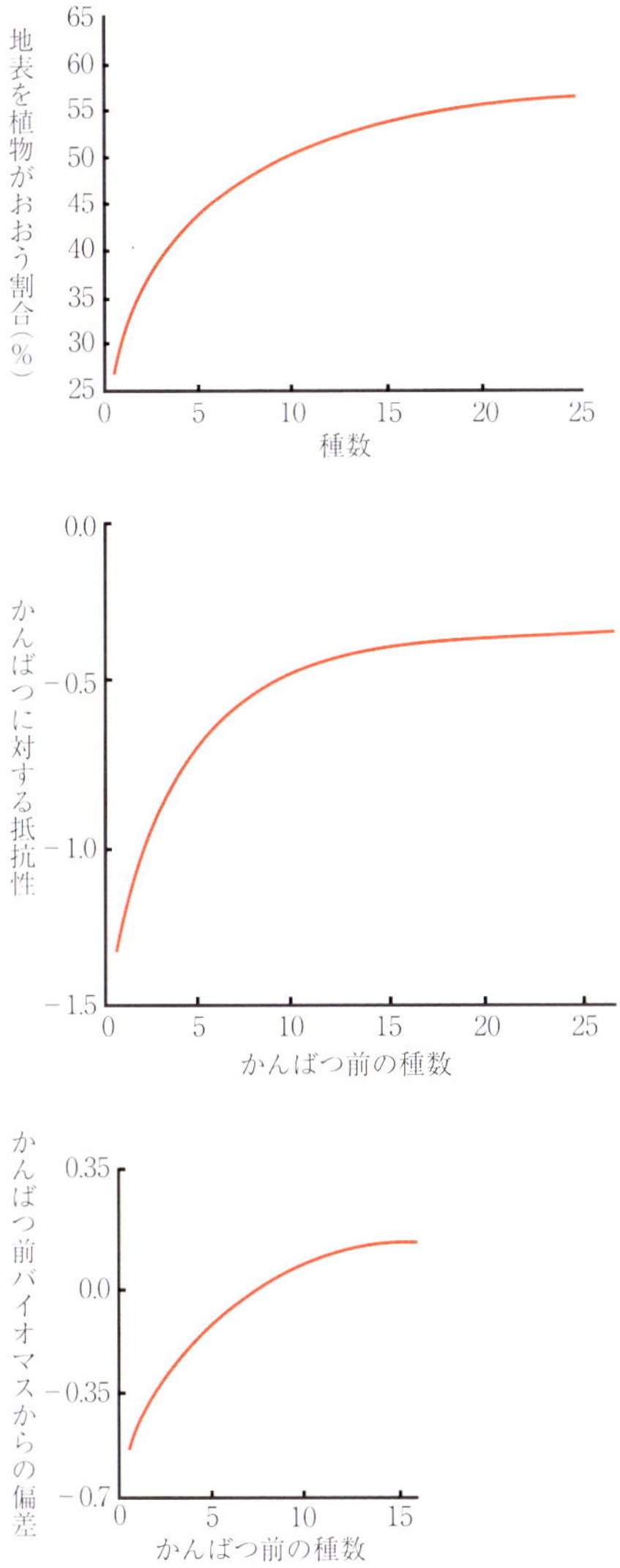

図 2-5 種の多様性と，(上)植物が地面をおおっている比率でみた生産性，(中)かんばつに対する抵抗性，(下)かんばつの影響からの復帰可能性との関係．プレーリーの植物を用いた野外実験の結果にもとづき曲線で近似．(Timan et al., 1996 より作図)

図 2-6　多様な樹種からなる多層構造の発達した自然林(上)と，単一栽培の人工林(下)の，地上部と地下部のイメージ．(実際の自然林では各層の植物密度がずっと高いが，簡略化して作画)

異なる戦略（二五ページ参照）をもつ種が集合することで、資源を余すところなく利用できる。

④　病気の原因となるバクテリアなどの病原生物は、同一の種が密集して生えていると広がりやすい。多様性の高い植生ほど病気が全体には広がりにくい。

これらを裏づけるのに、アメリカ合衆国の生態学研究者ティルマンらが、プレーリーの草原に多数の実験区をつくって実施した長期実験がある。その結果、植物の種の多様性が高いほど生産性が高かった。この草原で植物の生育を制限しているのは土壌の無機窒素化合物不足だが、多様性の高い実験区では、無機窒素がより完ぺきに利用されていた。

実験地近隣の自然草原でも、植物の生産性と土壌窒素の利用性が、種の多様性とともに増加することが示された。種の多様性がもたらす**安定性**は、旱魃《かんばつ》に対する**抵抗性**や**復帰可能性**（変化しても元に戻る性質、レジリエンス）においても認められた。

これらの特性が種の多様性にどのように依存するのかは、**図2-5**の三つのグラフのように、急に立ちあがり頭うちになる曲線で表される。それは、種が減少するにつれて一種が失われることの重みが増すことを意味する。

今日では、地球全体で、農地・人工林・都市域など、人工的で画一的な土地利用が増え続けている。そのため、土地固有の多様な野生植物からなる自然・**半自然**（火入れや刈り取りなどの人為が加わっているものの、野生の植物が主体）の植生が、急速に減少しつつある。植物の多様性が著しく乏しい単一栽培の農地やスギ・ヒノキなどの人工林（**図2-6**参照）は、自立的には維持されない。化学肥料や農薬の投入などの管理によって生態系のもろさを補うことで、目的とする作物や材木が生産される。そこで大量に使われる肥料と農薬は、広域的な栄養過多や化学汚染をもたらし、生物多様性をおびやかすだけでなく、私たち人間の健康に悪影響をおよぼす危険もある。

このようなことへの配慮から、ヨーロッパの農業環境政策においては、**直接支払い**（農家の環境保全の取り組みに対する行政からの経済的支援）の要件として、化学肥料・農薬の投入量を減らすことが重視されている。イギリスでは、生け垣・池・草地・樹林など、多様な生物の生息場所を農場内にもうけることなども、直接支払いの対象となっている。

生態系と人間のくらし

生態系は、気候、地形、地質など本来の自然環境のみならず、人間活動の影響もうけて多様な姿をとる。日本列島の大部分の地域は、十分な降水量と温暖な気候に恵まれ、森林が発達しやすい。

人為的な改変の小さい原生的な森林では、高木層の樹木の多様性に加えて、中低木層や草本層にも多様な植物を含み、生物多様性が高い（図2-6）。それぞれの植物の根の深さが異なるため、根層も厚く密に発達する。何層にもわたる葉の層により、太陽光も無駄なく利用される。その結果、森全体としての生産量が高く、「森は緑のダム」といわれるように、保水や土壌浸食防止の機能も高い。

それに対して材木を育てるための**モノカルチャー**（単一栽培）である人工林は、高木層は一種もしくは少数の針葉樹の樹種のみで構成され、中下層の植生も乏しい。落ち葉もそれら針葉樹のものだけで、それに適応した分解者のみが優占する。

特に、間伐《かんばつ》（材木の一部を伐採すること）などがなされず密生した人工林では、その傾向が著しく、下層にはほとんど植物がみられない場合もある。植生全体としての一次生産、土壌浸食防止、洪水防止、保水などの機能は、種の多様性が高い**自然林**に比べて格段に劣ると考えられる。

森林が発達しやすい気候のもとでも、頻繁に水や土砂の影響をうける河川の**氾濫原**《はんらんげん》（河川の氾濫によってつくられる自然地形）、地下に粘土の不透水層などがあって水がたまりやすい場所、野火が起こりやすい場所、草食動物が多く生息する場所、人間が頻繁に刈り取りや火入れをする半自然の生態系が維持されている場所では、森林は発達しない。そこでは、イネ科やカヤツリグサ科の草が優占し、湿原や草原が維持される。

他方、農地では、作物以外の植物が人為的に排除されるために、土壌表面の一部しか植物におおわれず、土壌浸食が起こりやすい。

このように、森林、湿原、草原、農地、人工林は、自然と人為の影響に応じて生態系の構造・機能が異なり、そこに生育する植物や生息する動物の種も異なる。生態系の多様性、特に自然・半自然の植生がつくる生態系の多様性が大きければ、そこに生息・生育する種の多様性も大きい。

ところが、現在では、地球規模でモノカルチャー農地の拡大が続いている。そのため、自然・半自然の森林、草原、湿原の消失を防ぐことは、生物多様性と私たちのくらしを維持するための、もっとも重要な課題である。

私たちヒトは、チンパンジーやゴリラと近縁な霊長類であり、この地球に出現して以来、生態系の一員としてほかの生物とさまざまな関係を結んできた。衣食住に必要な「資源」は、おもにほかの生物に求めてきた。資源の利用のしかたは、採集によって資源を調達していた時代、それに集団での狩猟が加わった時代、農業・牧畜が資源確保の主要な手段となった時代、そして社会が工業化した後の時代と、大きく変化してきた。

農業の開始後、森や湿地や草原など、もとの生態系とは大きく状態の異なる生態系がつくられるようになった。近代以降の土木技術の発展は、農地開発を大規模化させ、さらにダム建設などによって、淡水生態系のあり方を大きく変化させた。

しかし、いつの時代も私たち人間のくらしは、ほかの生物と、それらがつくりだす環境によって支えられてきたことには、変わりがない。

現代では、採集や漁業・狩猟を生業とする人々は大きく減少しているが、先進国においてでさえ、キノコ狩り、山菜採り、果物狩り、釣りなどが、レクリエーションとして続いている。

それらの活動が私たちに楽しみと満足感を与えてくれるのは、ヒトが何十万年も前から続けてきた活動として、私たちの心がそれを喜ぶように適応しているからであり、それらが古い時代の生物資源利用のなごりともいえる活動だからである。

3　めぐみと由来

生物多様性の恩恵

　豊かな生態系は、私たち人間に、きれいな水や空気を提供するなど、安全で快適な生活を保障し、衣食住に必要な資源を提供する。病気を予防したり直したりする医薬品も、古来より生物を原料にしたものが多い。さらに、自然の風景など、精神を高揚させ満足感を与えるさまざまな刺激は、心身ともに豊かな生活を営むのに不可欠である。

　生物多様性は、これらの恩恵、すなわち、人間社会が生態系からうけるあらゆる利益を意味する「**生態系サービス**」の源泉でもある。

　生態系サービスとは、生態系が人間に提供するあらゆる便益をさし、次の四つに分類される（図**3-1**）。

①　食料や燃料などの**資源を供給するサービス**。

②　水の浄化や災害防止など、私たちが安全で快適に生活する条件を整える**調節的サービス**。

③　さまざまな喜びや楽しみ、精神的な充足を与えてくれる**文化的サービス**。

④　それらのサービスをうみだす生物群が維持されるために必要な一次生産（光合成による有機物の生産）や生物間の関係などを支える**基盤的サービス**。

　人類社会は、これらのサービスに依存せずには成り立たない。最近では、生態系サービスについて、経済的な評価を含めた、評価の試みが盛んになっている。欧州委員会（ＥＣ）とドイツ環境省の支援のもとに実施されている「生態系と生物多様性の経済学（The Economics of Ecosystems & Biodiversity・ＴＥＥＢ）」（六一ページ参照）もその一つである。

　生態系サービスのうち、精神的な満足に寄与する文化的サービスは、太古からの自然にいだかれての生活がもたらしたヒトの「心」の適応進化とも深く関係する。子どもの心身ともに健やかな成

図3-1　心身ともに豊かなくらしをささえる生態系サービスの概念図.

長に欠かせない「**自然とのふれあい**」は、そのような根源的な文化的サービス享受の機会である。

多様な生態系サービスを持続的に供給しうる生態系は、そのなかに、はたらき方（**機能**）の異なる多様な種群（**機能群**）を含む。それらは、それぞれの機能を通じて異なるサービスをうみだす。

たとえば森林の上層に葉を開く樹木は明るい環境でよく成長するが、低木はこもれびを利用して光合成を行う。光利用特性の異なる種群が多層の構造をつくって共存することで、森林に降り注ぐ太陽光はむだなく利用される。また土壌表層に根を広げる種群と土壌のより深い層に根を伸ばす種群が共存することで、水や栄養塩がむだなく利用される。

さらに、同じ機能群に属す種が複数存在すれば、何らかの理由で種の絶滅が起こっても、同じ機能群のほかの種が、代わってその役割をになえる。

つまり、何の役に立っているかわかりにくい種の多様性は、じつは安定的な生態系サービスの提供に欠かせないものなのだ。

また、生態系の多様性も、生態系サービスと深いかかわりがある。異なる生態系は、そこに含まれる機能群が異なるので、それぞれに異なる生態系サービスのセットを提供できるためである。

つまり、生態系の多様性が高い空間、たとえば日本の**里地・里山**（図2-3参照）のように、水田・水路・ため池・異なるタイプの樹林・草原など、多様な生態系が組み合わされて存在する場所は、より多くのタイプの生態系サービスを提供する可能性をもつ。

DNAでたどる生命史

近年、DNA（デオキシリボ核酸）を分析し、そこに化学的暗号として刻まれている遺伝情報を解読する技術が飛躍的に発達した。

そしてさまざまな生物のゲノム情報が解読され、生物の系統的な関係が明らかにされると、地球の全生物の共通の祖先ともいうべき、LUCA《ルカ》（the Last Universal Common Ancestor）の存在が浮かびあがってきた。

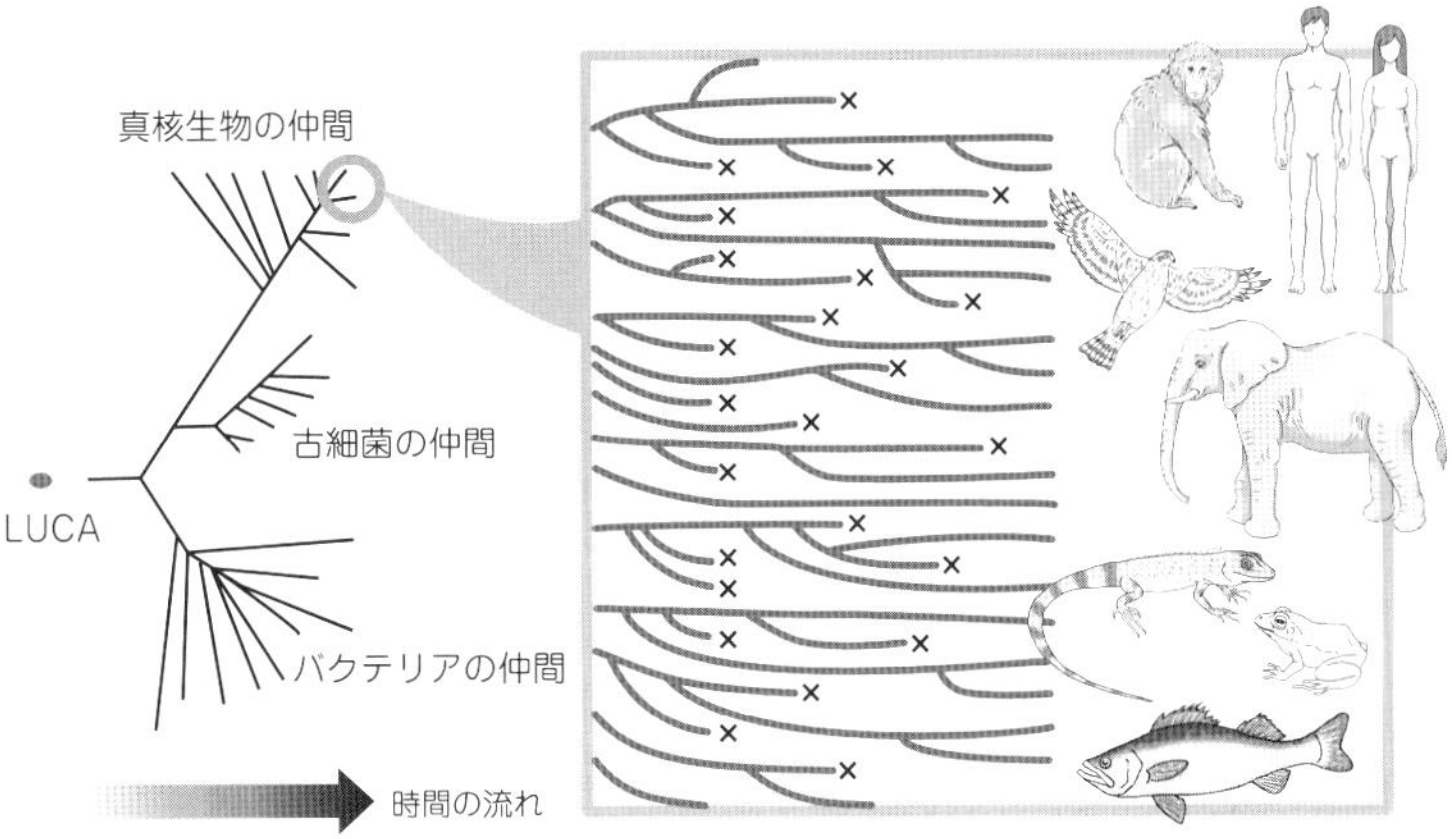

図 3-2　原始生物 LUCA の子孫の進化と多様化のイメージ.

LUCAは、四〇億年ほど前に出現した**自己複製能**をもつ、きわめて原始的な単細胞生物であり、バクテリア、古細菌、真核生物という現存生物を三つに大くくりしたグループいずれもの祖先である。

LUCAは、自らの遺伝情報を複製して子孫を産み、またその子孫が同じように子孫を産んだ。そのくりかえしは今日に至るまで続いてきた。

しかし、DNAの複製は完ぺきではなく、時として突然変異によって、親とは異なるゲノムをもつ子がうまれる。それらの多くは途中でとだえたが、そのときどきの環境によりよく適応した子孫がうまれることもあった。

このように自己複製、突然変異、適応進化、そして偶然の作用がくりかえしはたらいて、地球の現存のすべての生物を含む、多様性に富んだおびただしい数の子孫がうまれ、現在私たちが目にする生物多様性へと発展した(図 3-2)。

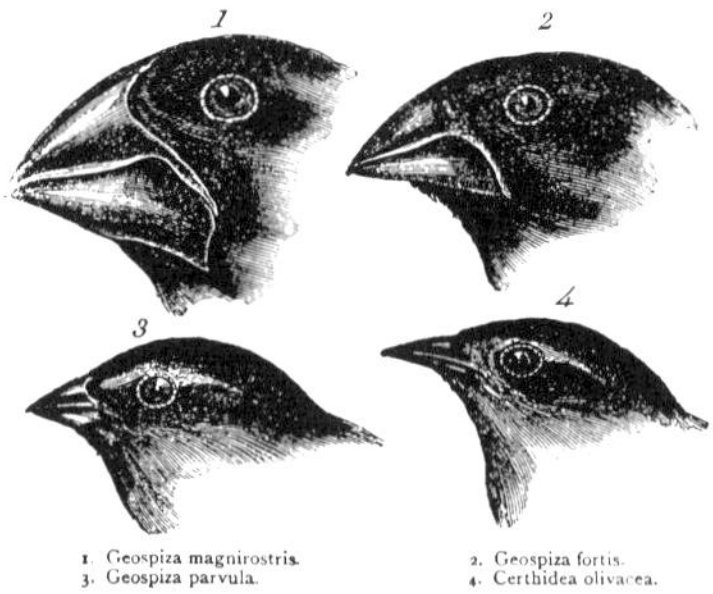

図3-3　ガラパゴス諸島に生息する鳥・フィンチの仲間．くちばしの形が生息する島ごとに異なることに，後に進化論を唱えるダーウィンが気づいた．
生息する島にあるえさの種類によって，それを食べやすい形のくちばしをもつ個体が生き残りやすく（自然淘汰），子孫にその遺伝的な特性が受けつがれる．自然淘汰でその環境に合うように変化することを適応進化という．
遺伝的交流が妨げられる（隔離される）と，異なる環境のもとで適応進化していたそれぞれの集団が別の種に分かれていく．これを種分化という．
（岩波文庫『ビーグル号航海記（下）』より引用）

進化・種分化による戦略情報の宝庫

LUCAは、ごく小さな泡《あわ》のような単純なつくりの細胞一つからなる生物であり、それが保有するゲノム情報もごくわずかなものであったと推測される。しかし、人類を含むLUCAの現存の子孫のなかには、多細胞できわめて複雑な体のつくり、生活史、行動を進化させた数百万種もしくは数千万種もの生物が存在する。

しかし、人類が科学的に把握できている生物種（分類されて学名がつけられている生物）は、そのごく一部の百数十万種でしかない。人類にとって未知の生物を多く含む現存の生物が示す多様性は、生命史を通じた生物の多様化・複雑化による情報量の膨大な蓄積を意味する。

この多様化には、さまざまな偶然のできごとも関係したが、**自然淘汰**《とうた》による**適応進化**が果たした役割がきわめて大きい。

突然変異で親とは異なる性質をもった子孫のうち、その時、その場所の環境やほかの生物との関係において、より好都合な形質をもつものが生き残りやすく、より多くの子孫を残しやすい。

このようなプロセスを経て、環境や何らかの目的によく合致しているかに見える形質、たとえばチョウのもつ、花の蜜《みつ》を吸うのにぴったりのストロー状の口吻《こうふん》が進化した。そのような形質を生態学では「**戦略**」とよぶ。特定の環境のもとで生存や繁殖に都合の良い形質をもった個体が生き残ること（**自然淘汰**）を通じて、生物は環境に**適応**する戦略を獲得してきた（図**3**-**3**）。

その四〇億年にわたる壮大な試行錯誤を通じて、生物たちは、地球の生物が直面してきたあらゆる問題への「解決法」を体現している。なぜなら、そうした問題を乗り越えてこられた系統だけが、現在まで生き残っているからである。

つまり、さまざまな環境、さまざまな必要性に対処するための「生物の知恵」ともいうべき適応戦略は、それ自体が莫大《ばくだい》な価値と潜在的な利用の可能性を秘めている。

たとえば、シロアリの塚《つか》の構造は、炎天下でのエネルギーを投入しない空調を実現している。実際に、その原理は、ジンバブエのスーパーマーケットの建築に応用されている（図**3**-**4**）。

そのような模倣技術が、産業技術分野でも注目を集めている「**バイオミミクリー**」である。

生き物から学ぶ技術

私たちヒトは、古来、生物から多くのことを学んできた。ヒトがその適応進化の途上で獲得した知能は、「生物から学ぶ」あるいは「生物を模倣する」ことにおいて、特に優れているといってよいだろう。

ヒトが生物のつくりだす造形の美しさや趣《おもむき》や精巧さに、古来つねに心を動かしてきたことは、生命の姿を模倣、もしくは象徴化した膨大な考古学的遺物がものがたる。狩猟対象としたさまざまな動物の生態を描写した新石器時代の洞くつ画、マンモスの牙に彫られた「**泳ぐトナカイ**」のみごとな生態彫刻（図**3**-**5**）、古くから伝わる舞踊における動物の所作の模倣などが、その例である。

そして、生物の適応戦略を技術に応用したのが、

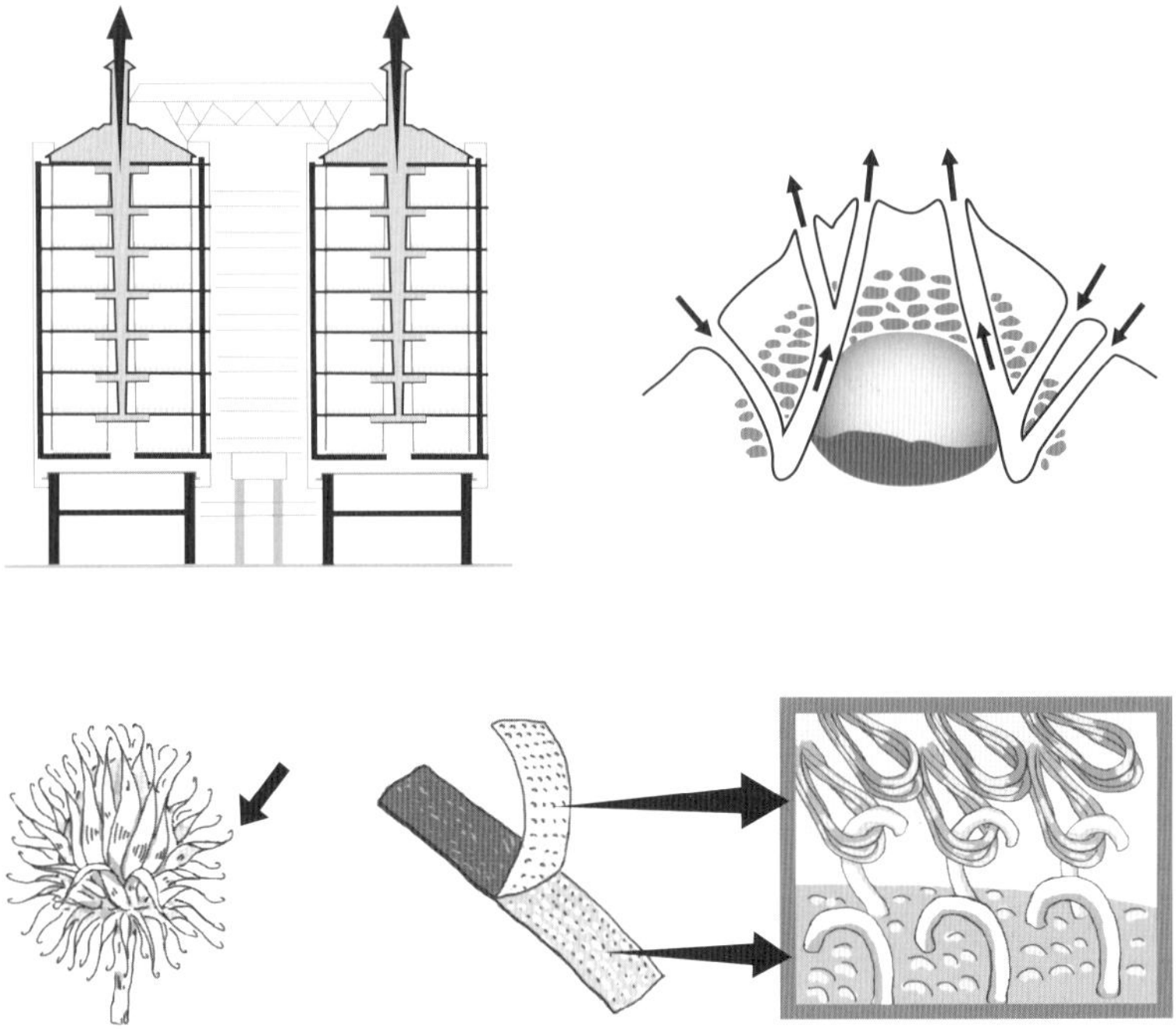

図 **3-4**　バイオミミクリーの例．（上）熱を逃がしやすいシロアリ塚のつくりと，それを模したスーパーマーケットのつくり．（**inhabitat.com, 2007** より作画）（下）ゴボウの実と，それを模したマジックテープのしくみ．

図 **3-5**　泳ぐトナカイ像．**2** 頭のトナカイがつながって泳ぐさまが表現されたマンモスの牙の彫刻．**1** 万 **3000** 年前に彫られたと推定される．最終氷河期の芸術家の優れた観察眼と表現力を伝える逸品．大英博物館に展示．（**©The Trustees of the British Museum**）

バイオミミクリーである。bio は「生物」、mimicry は「模倣」を意味し、それは、生態系サービスとはまた別のかたちで、生物が人類に与えてくれる恩恵である。その例をいくつかあげてみよう。

白露《しらつゆ》に風の吹きしく秋の野は
　　つらぬきとめぬ玉ぞ散りける
　　　　　　（文屋朝康　後撰集）

と百人一首に選ばれた和歌にも詠《うた》われているように、草におく露、葉上の水玉は、古来人々の詩情を誘ってきた。最近では、ハイテク技術によって、水をはじく葉の表面構造をまねた、水をはじきやすい傘などの雨具が開発されている。

鳥をまねた舞いは、古くから世界中で舞われたようだ。最近では、群れて飛ぶ鳥が、たがいにぶつからず、群れ全体がまるで一つの生き物のように移動できるのはなぜかを、簡単な原理で説明するボイド（Boid）理論が開発され、車の自動運転などの技術への応用が検討されている。

新幹線の車両にも、鳥に学ぶ技術が使われている。フクロウは、獲物に気づかれることなく音をたてずに飛ぶ。その秘密は、羽根の前方についた、くし状の細い毛が、大きな空気の渦をつくりにくくしていることにある。その構造をまねたパンタグラフ（車両の上に取りつける集電装置）が、騒音の防止に役立っている。

ゴボウやオナモミは、実についているかぎ状のとげが、動物の毛にひっかかることで、動物に「ヒッチハイク」して種子を分散する。私たちの生活で日常的に使われているマジックテープ（面ファスナー）は、ゴボウの実の戦略にヒントを得て開発されたものである（図3-4）。

このように、生物は、ヒトにとっても有用なあらゆる「戦略」のヒントを与えてくれる。

「宝の持ち腐れ」にならないために

生物や生物がつくるシステムは、すばらしい造形や色彩や動きや音色で私たちを魅了し、私たちの精神に強い作用をおよぼし、芸術の源泉ともなってきた。

だが、生物の絶滅は、これまで述べてきた「生命の知恵」や「生命の技」のみならず、「生命の作品」ともいうべき膨大で貴重な情報を、私たちがそれを解明し、認識し、利用し、楽しむひまなく、永久に失わせてしまう。

文化財や文化遺産は、その歴史的価値から保存への努力がなされる。文化遺産よりもはるかに長い歴史のなかで、必然と偶然の結果としてうみだされた生物多様性とそこに蓄積されている膨大な「情報」。それを現代の一部の人々の短期的な経済的利益と引きかえに、永久に失わせることほどおろかなことはないだろう。

こうした、生物がもっている、知と技と美とあらゆる戦略に関する情報の宝庫を後の世代の人たちに残すためには、生物多様性の保全が必要である。そして、生物多様性の保全にも、また活用にも、それに心を動かし、読み取る感性と知性が欠かせない。

日本では、ここ二、三世代の間に、日常的に自然とふれあう機会が著しく減少した。また、初等教育から高等教育に至るあらゆる教育課程において、「自然史」が軽視された。そのため、生物多様性を具体的に認識し、また、適応戦略を読み解く眼力を備えた人材が少ない。

それは、日本社会が抱えているさまざまな「能力」喪失のなかでも、もっとも深刻な問題の一つではないかと思われる。

この問題の解決のためには、身近につねに多様な野生生物がいて、日常的に接することのできる生活環境を取り戻すこと、幼い頃から自然史や生態に関する学習を重視することが必要だろう。

4　生物多様性の危機

六番目の絶滅時代

　現在は、多くの生物が爆発的に出現したカンブリア紀以降の六億年における、六度目の**大絶滅時代**のまっただなかにある。それは、いん石の衝突など自然の現象を原因とした以前の大絶滅期とは異なり、人間の活動を原因とするものである。

　いま、一年間におよそ四万種もの生物が、絶滅しつつあるとも推測されている。おおざっぱな推測しかできないのは、人類がその存在を確認している種（学名がつけられている種、一〇ページ参照）は、一六四万種ほどで、地球上に生息・生育している種のごく一部に過ぎないからだ。

　国際自然保護連合（IUCN）は、これらの種のなかから、その実態が把握できるものについて、絶滅の危険の程度を客観的に評価した「**レッドリスト**」を公表している（表4-1）。日本全国を対象としたレッドリストは環境省が公表している（六一ページ参照）。

　絶滅は、3章で述べたように「生命の知恵」ともいうべき膨大な適応戦略情報の取り返しのつかない喪失を意味する。絶滅をまぬがれたとしても、個体数や遺伝的変異が減少した**個体群**（ある地域における同じ種の集団）や種は、適応進化の可能性を失う。

　ところで、生態系が人間社会に提供するさまざまな便益である「生態系サービス」をうみだす、おもな担い手は、**普通種**である。

　個体数が少ない、生息環境が限られている、地理的な分布が限定されているなどの特性をもつ種を、**希少種**とよぶ。普通種とは、そうではない種のことである。普通種が衰退して絶滅危惧《きぐ》種となることは、生態系サービスを供給する可能性を変化させる。

　日本では、里地・里山でかつては普通にみられ

表 4-1　絶滅のおそれのある種が評価対象種に占める割合（IUCN, 2008 より作成）

分類群	学名がついている種の数	絶滅のおそれのある種の比率
哺乳類	5488 種（5488 種）	21%
鳥類	9990 種（9990 種）	12%
爬虫類	8734 種（1385 種）	31%
両生類	6347 種（6347 種）	30%
魚類	3 万700 種（3481 種）	37%
昆虫	95 万種（1259 種）	50%
顕花植物（種子植物）	25 万8650 種（1 万 779 種）	73%

※（　）内はこの調査で評価の対象にされた種の数

た種が絶滅危惧種になっているものが少なくない。その例としてメダカをあげることができるだろう。以前は日本の水田や水路に普通にみられた野生のメダカは、農地整備や農薬等による汚染などの影響によって、現在では絶滅の危機にさらされている種として、レッドリストに掲載されている。

それに対して、少数の**侵略的外来種**が世界中に分布を拡大し、蔓延《まんえん》して生態系を単純化させつつあると同時に、もともとそこに生育・生息していた在来種の絶滅リスクを高めている。

さらに、自然林や湿地など自然の生態系がある場所を、モノカルチャーの農地や植林地に開発することなどともあいまって、生態系の単純化と変質が急速に進みつつある。生息地の減少や変質、さらにはそのつながりの喪失（**分断孤立化**）も、生物多様性をおびやかす大きな原因となっている。

これらによってそれぞれの生息地に生息できる個体数が少なくなると、環境の変動のもとで個体群を維持するのが難しくなる。偶然のできごとや一時的な環境悪化などで、絶滅する確率が高まるからである。個体数が少なくなると近親者どうしの配偶による繁殖（**近親交配**）の割合が高くなり、**近交弱勢**（近親交配で生まれる子どもが遺伝的な理由で集団の平均に比べて生存力や繁殖力が劣ること）によって子どもが育たず、個体数がさらに減少するという悪循環が起こり、絶滅が加速される。

たとえば一〇〇年先までなど、長期にわたって個体群を維持するのに必要な個体数を、**最小存続可能個体数**という。この数よりも少ない個体群は、将来的にその地域から絶滅してしまう可能性が高い。生息地の分断孤立化は、同じ生息地の断片でくらす個体の数を最小存続可能個体数以下にすることで、その個体群を絶滅に追いやってしまう危険がある。

ある一種の生物が、このような過程をへて絶滅したとしよう。一種の絶滅だけでは、生態系のはたらきや生態系サービスにそれほど大きな変化は起こらないと考えるのは、楽観的すぎる。種間の関係を介してドミノ倒しのように絶滅の連鎖が起こり、生態系の構造や機能が大きく変わったり、不安定化することがありうるからだ。このような絶滅の連鎖を**絶滅カスケード**(cascadeは、段をなして大きくなる滝の意)、そしてその鍵をにぎる種を**キーストーン種**(keystoneは、かなめ石の意)という。

その事例として有名なのが、北アメリカの太平洋岸からラッコが絶滅したことによる海藻林生態系の崩壊である。キーストーン種であったラッコの絶滅後、餌となっていたウニなどの植物食の動物が著しく増えた。その食害によって海藻林が衰退し、海藻林を生息の場としていた無数の魚や、エビやカニや貝類などの無脊椎《むせきつい》動物までもが消えてしまった。

数字が示す厳しい現状

生物の絶滅の危険性を高め、生物多様性をおびやかしている要因はいくつもある。

農業・林業開発のための森林伐採、湿地や沿岸の干拓など広範囲にわたる土地状態の改変、農薬に代表される化学物質などによる環境汚染、人間が持ち込む侵略的外来種の影響、および今後ますます影響が強まると予想されている地球温暖化などである。

いくつかの指標で見る限り、二〇〇〇年代に入ってからも厳しい現状に改善のきざしはみられず、地球規模でも、多くの地域においても、生物多様性の減少には歯止めがかかっていない。地球上に生息するカエルやイモリなど両生類のおよそ三分の一の種、ヒトもその一員である霊長類の半数以上の種が、絶滅の危機にひんしている。

人間活動をおもな原因とする現代の生物多様性

の低下速度（単位時間当たりの絶滅率）は、生命史における平均的な**絶滅率**の一〇〇〇倍にも達すると推定されている。近い将来、さらにその一〇倍の一万倍程度に拡大するとも予測されている。

生態系にはさまざまなタイプがあるが、その消失の程度が著しいのは、**ウェットランド**（干潟、湖沼、湿原、河川など、広義の湿地）である。

一九〇〇年以降、地球全体の湿地面積の五〇%以上が失われた。一九〇〇年代の前半にはおもに温帯地域で、後半以降は熱帯・亜熱帯地域で、湿地の農地化や都市化など、土地利用転換圧力が強まった。

湿地は、地球温暖化防止に役立つ炭素の貯留や水の浄化などを含む、多くの生態系サービスを提供する。それらのサービスが失われることが社会に与える影響は大きい。

日本においても、干潟の干拓や海の埋め立ては、いまでも過去の問題とはいえない。

「**生きている地球指数**（Living Planet Index・LPI）」という生物多様性の指標がある。それで見る限り、一九七〇年から二〇〇五年にかけて脊椎《せきつい》動物の個体数は、地球全体で三〇%減少。淡水生態系に限ると三五%減少し、その後もその傾向には改善がみられない（図4−1）。

淡水生態系とウェットランドの危機

「生きている地球指数」は、世界的に見てもっとも危機が進行している生態系タイプが**淡水生態系**であることを示唆している。

日本でも例外ではない。特に、問題が深刻なのは、水田・ため池をも含む淡水生態系、すなわち、河川がつくる「**氾濫原**」を起源とする生態系である。**汽水《きすい》域**（海水と淡水が混ざり合うところ）や淡水域の魚類や水草は、半数近くが絶滅を危惧されているという事実は、危機の深刻さを如実にあらわしている。

その危機は、湿地の開発、ダムなどの構造物による水系連結性の分断、水質悪化、在来種を食べるブラックバス（オオクチバスやコクチバス）やブルーギルやウシガエル、水草の根や茎を切るアメリカザリガニといった侵略的外来種の影響などが複合的に作用して、もたらされている。

日本では、明治・大正期の湿地面積を基準にすると、六〇%以上が今日までに失われた。湿地喪失面積が九〇%以上におよぶ県もある。

近年になってリモートセンシング（人工衛星などを使った地表観測方法）で見つかった湿原や、農地が遊水池化されて本州最大の湿地となった栃木県の渡良瀬《わたらせ》遊水池、新たに建設されたダムで水がたまったダム湖なども現在の湿地面積に算入されているため、実際にはこれよりも大きな比率で湿地面積が失われたとみなければならない。

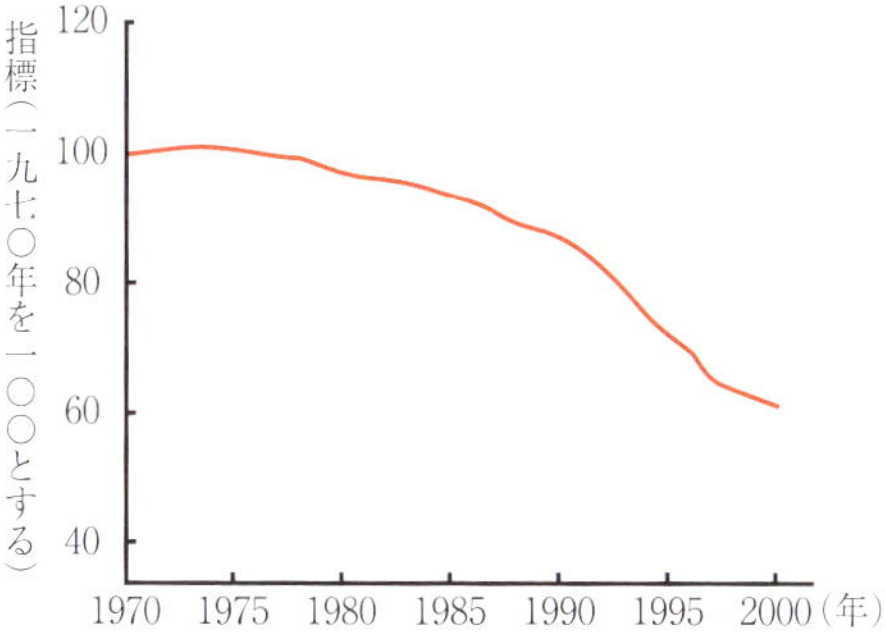

図 4-1 「生きている地球指数」の淡水生物の指標．「生きている地球指数」は，脊椎動物 1313 種（陸生生物 695 種，海洋生物 274 種，淡水生物 344 種），3600 以上の個体群の個体数の増減にもとづいて計算された個体数変動の指標．（WWF 生きている地球レポート 2006 より作図）

そのような湿地の喪失や劣化とともに、水草・水生昆虫・両生類・水鳥など、多くの生物が生活の場を失った。シベリアから日本に越冬にやってくるマガンやハクチョウなどの渡り鳥も、その例外ではない。かつて日本の秋空にふつうにみられたマガンも、今はごく限られた場所でしか越冬できない。

水田は、ウエットランドの生物にとっては、河川氾濫原の止水域《しすい》（水が流れないところ）の代替湿地として役に立つ。日本でも、淡水魚・カエル類・水生昆虫・水鳥・水草など、多くの生物が水田を生息の場としてきた。水田は、私たちの主食の米を生産する場であるとともに、多様な生物を育んできた。

しかし、近年の圃場《ほじょう》（農地）整備や化学物質を多用する農業は、その生き物のにぎわいを失わせた。

生態系の急速な劣化

二〇世紀の後半以降には、人為に由来するさまざまな環境異変が目立つようになった。

海洋では、近代的トロール漁法(底引網漁の一種)による乱獲で資源崩壊が起こり、少し前まで食卓にのぼっていた魚種が、相次いで絶滅を危惧しなければならないほどに減少した。

最近では、吹き寄せられた莫大な量のプラスチックがくだけて微細な粒子となり、動物プランクトンの何倍もの密度で存在している海域に関心が向けられるようになった。海流の関係で漂流物が集まりやすく、かつては「船の墓場」として知られていた赤道無風地帯の海域である。集まっているゴミは、漁網など海で使われるものだけでなく、陸のゴミに由来するものも相当な割合を占める。そのような「**ゴミ集中海域**」は、世界の海洋面積の四分の一にもおよぶ勢いで急速に拡大しつつあるという。

陸上では、農地の四〇%が浸食・固結化(かたまること)・塩類の集積・栄養の欠乏・汚染・都市化などで劣化し、生産性を損なった。窒素・リン・イオウ・炭素などの元素循環の改変が著しく、それらがもたらす汚染は、酸性雨・藻《そう》類の大発生・魚が死ぬことなどに加え、気候変化(地球温暖化や、集中豪雨などの地域的降雨パターンの変化)をもたらしている。

このような土地や淡水生態系の持続可能ではない利用など、生態系管理の失敗は、洪水、旱魃《かんばつ》、不作、ヒトや家畜・作物の病気などのリスクを増大させる。

こうしてまねかれた**生態系の劣化**は、遠くの地域でうみだされた生態系サービスをお金で買って利用する先進国の都市住民よりも、地元の生態系サービスにより強く依存して生活をする発展途上国の人々に、深刻な影響を与える。特に、当地以外の生態系サービスを利用する経済力をもたない貧困層が、いっそうの貧困に苦しまなければならなくなる。たとえば、経済力のある都市の住民は、ある海域で魚がとれなくなっても、別の地域から

図 4-2　マングローブ林．亜熱帯・熱帯地域で，河口や泥質の海岸線に発達するヒルギの仲間などからなる樹林を，マングローブ林という．
魚類，カニや貝類のほか，昆虫や鳥類など，多くの生物が生息する．地球温暖化防止や水質浄化にも役立つ．
しかし，エビ養殖のための開発や木炭の材料とするための伐採によって，破壊が進んでいる．

魚を買えばよいが、自ら漁をして魚を得ていた沿岸域の貧しい人々は、魚を食べることができなくなる。

先進国では、温暖化による海面上昇にともなう災害リスクの増大に対して、コンクリートなどの構造物で対処することも可能である。しかし、貧しい地域ではそのような選択肢はないため、住民の生命を守るためには、マングローブ林など沿岸の自然生態系を維持することが欠かせない（図**4-2**）。

そして維持された自然は、さまざまな食べ物や**エコツーリズム**（地域の環境や文化に悪影響をおよぼさないように配慮し、それらを学ぶことを目的にした旅行）の機会など、災害防止以外の多様なサービスも提供する。そのため、このような選択は、地域社会にとってより大きな利益をもたらす。

だが、生態系は、時として外力に比べて極端に大きな反応を起こす。沙漠化、浅い水域における急激な**水質悪化**（水草がおもな生産者で透明度の高い状態から、植物プランクトンのアオコが優占する状態への

表 4-2　代表的な侵略的外来生物

捕食・食害によって在来種をおびやかす
ジャワマングース，グリーンアノール，ブラックバス，ブルーギル，ウシガエル，アメリカザリガニ
植生の優占種となり生態系の基盤条件を大きく改変する
セイタカアワダチソウ，シナダレスズメガヤ，アレチウリ，ホテイアオイ，ハリエンジュ，イタチハギ
雑種をつくることで在来種の衰退を招く
タイワンザル，タイリクバラタナゴ，飼育型コイ
花粉症の原因となりヒトの健康をおびやかす
ネズミムギ，ホソムギ，カモガヤ，オオブタクサ

グリーンアノール(イグアナ科).
小笠原諸島の父島と母島に移入された.
小笠原固有の昆虫を捕食し，絶滅に近い状態に追いやられた種もある.

ブラックバス(コクチバス)の胃から見つかった在来種のアユ.
ブラックバスやブルーギルは在来種を捕食したり，えさをうばうなどして，多くの在来種を局所的に絶滅させる.

変化）など、ある状態から別の状態への跳躍的な変化（カタストロフィック・シフトとよばれる）が起こると、多くの生態系サービスが一挙に失われる。

こうした生態系の取り返しがつかない変化を防ぐには、生態系に回復力があるうちに、不健全化を防止し、回復をはかるための対処が必要である。

生態系の変化によって種が絶滅すれば、それを原料や見本にした新薬、新素材、新技術の開発による産業の振興など、大きな潜在的可能性として「種の存在」に秘められている多様な情報が失われる。そして、将来のさまざまなビジネスの可能性も消滅する。

つまり、生物多様性や生態系それ自体の価値を尊重することは、一見遠回りに見えても、長期的にみれば、社会に多くの利益をもたらすのぞましい自然資源の管理の手法となる。

なお、生態系サービスの利用に関する市場の影響が大きくなりすぎると、サービスをうみだす生態系の基盤そのものが損なわれる場合もある。

たとえば、エコツーリズムは地域社会が文化的サービスを守る動機となるが、過剰利用や管理の失敗によって、自然や文化の資源そのものを壊してしまう可能性をもっている。

外来生物がもたらす脅威

もともとその生態系に含まれていなかった生物、いわゆる**外来種**が、人間による利用のために意図的に導入されたり、あるいは意図せずに持ち込まれたりする機会が増えた（**表4-2**）。

農地、市街地、人為的に改変された沿岸域など、在来の生物がすめない環境に適応している外来生物は、競争相手がなく、侵入・定着に成功しやすい。

たとえ在来の競争相手が存在しても、外来の生物は、「**生態的に解放**」されているため、在来種よりも有利である。つまり、病害生物や天敵などの影響を受けにくく、その分、在来の生物よりも生き残りやすい。そのため、同じような環境の要求性（生息のために必要な資源や環境条件。ニッチともいう）をもつ在来種との競争に強い（**図4-3**）。

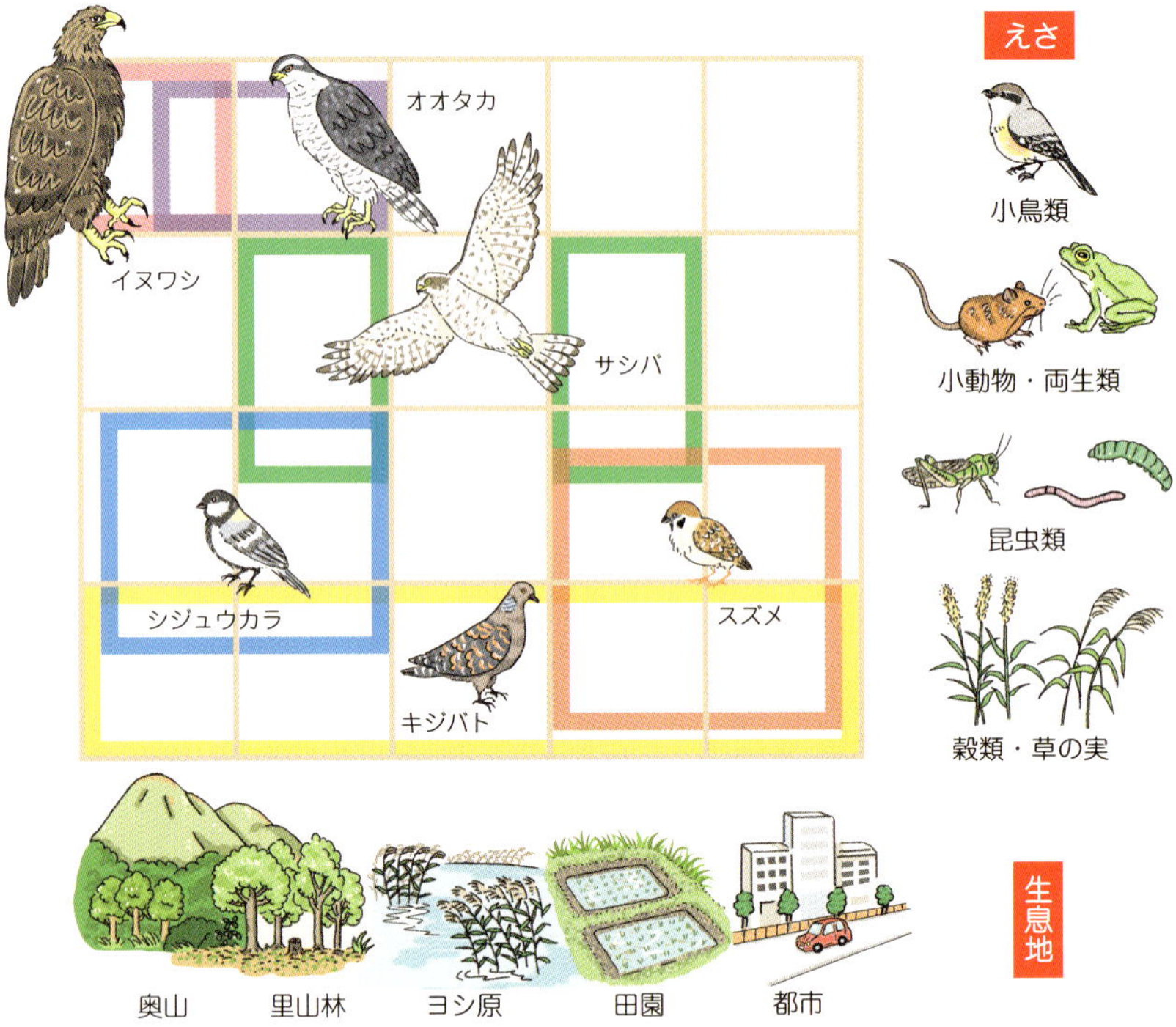

図 4-3　鳥のニッチ(**niche**，生態的地位)の概念図.
えさや天敵の存在(「食う―食われる」の関係)，生息に利用する場所など，その生物が必要とする資源や環境条件の組み合わせで示される.
キジバトは都市から奥山まで生息できるが，イヌワシは奥山にしか生息できない.
イヌワシのように必要とするニッチが限られるほど，生息地の開発やえさの減少などの影響を受けやすい.
また，同じニッチをもつ侵略的外来種が侵入すると，ニッチを奪われた在来種が絶滅する可能性もある.

また、資源の利用能力が在来種よりも高ければ、競争にはいっそう有利であり、在来種と置きかわる。

たとえば、温室トマトの受粉用に導入されたヨーロッパ産のセイヨウオオマルハナバチが、北海道で野生化して、急速に分布域を広げている（六一ページ参照）。地域によっては、在来種との置きかわりが起こりつつある。その理由として、セイヨウオオマルハナバチは餌（蜜と花粉）を園芸植物も含めてより広範囲の花から得られること、営巣《えいそう》場所（ネズミの古巣など）の取り合いになったときに在来種よりも強いこと、などが考えられている。

このような優位性から、一部の侵略的外来生物が世界中でその勢力を増しつつある。捕食、競争、雑種の形成、病原生物の持ち込みなどによって、在来生物の局所的な絶滅をもたらし、その地域の生物多様性を低下させる。

外来生物の利用のための**意図的な導入**としては、毒蛇であるハブを駆除する目的で沖縄や奄美大島に導入されたジャワマングース（イタチに似た肉食動物）や、釣りの目的で放たれたブラックバス、マメ科の樹木ハリエンジュなどの緑化植物が、その代表である。これらは、在来の生物を食べつくして絶滅に追い込んだり、生態系の基盤を変化させたりして、生物多様性に大きな影響をもたらしている。

意図的ではない導入は、大量の物資の頻繁な移動にともなって起こる。日本への穀物の主要な輸出国であったアメリカ合衆国からは、輸入したダイズやトウモロコシに混ざって、オオブタクサやアレチウリがもたらされた。これらはもともと河川氾濫原の植物であるが、原産国で農地に進出して雑草となり、収穫時にまざった種子が輸入穀物とともに日本に入り、河川域などで繁茂している（図**4**-**4**）。

他方、同じく穀物等を日本に輸出するオーストラリアの海域では、日本から来たワカメが侵略的外来種として猛威をふるっている。日本の港で積み荷を下ろした船が、軽くなった船のバランスをとるために海洋生物の混入した海水を積み込み、

セイタカアワダチソウ

ホテイアオイ

シナダレスズメガヤ

オオブタクサ

アレチウリ

図 **4-4**　河原や水域で繁茂する侵略的な外来植物．生物多様性保全の大きな脅威となっている．

それを自国の海域で廃棄したことが原因である。

また、「緑化」が原因で起こる外来種の侵入もある。日本の急流河川に特有の砂礫《されき》質の河原には、その特殊な環境に適応したカワラノギク、カワラニガナなどが生え、カワラバッタなどがすんでいる。しかし、道路やダムの工事で緑化に利用されたシナダレスズメガヤなど外来牧草の侵入によって中流域の河原が草原化し、河原特有の在来の生物は減少の一途をたどっている。

こうした外来牧草が、健康被害をもたらすこともある。**花粉症**は、風に花粉を運ばせる植物で同じ種の花粉が、ヒトのくらす環境中に、大量に存在することによって起こる。日本ではスギ、ヒノキの花粉症のほかに、初夏に花粉症にかかる人が少なくない。その原因は、河川の土手などに蔓延したネズミムギなどの外来牧草の花粉である。

産業活動に直接被害をもたらすものもある。水力発電所の取水口に大量に固着して、利水施設に経済被害をもたらす、カワヒバリガイなどがそれである。

二〇〇九年の国際生物多様性の日(五月二二日)、国連事務総長の潘基文《パンギムン》は侵略的外来生物に対する対策の強化を訴えた。そのメッセージで、侵略的外来生物がもたらす被害は、経済的な被害算定が容易なものだけに限っても、世界のGDP(国内総生産)の五%におよぶと述べた(GBO3(五六ページ参照)では一・四兆ドル以上と記述)。

バランスを崩す生態系

在来種であっても、特定の種が増えすぎて、生態系のバランスが崩れることもある。

いま、日本各地で、シカの増えすぎが問題となっている。尾瀬、知床、日光といった、国立公園に指定されている地域でもその被害は深刻で、シカの好む植物が根こそぎ食べられたり、イケマやクリンソウなど、毒を含みシカが食べない植物が林床の優占種になっている場所がある。また、餌の少ない冬には、木の樹皮も食べるが、樹皮を大量にはぎとられた木は立ち枯れてしまう(図**4**-**5**)。

そのような地域では、消失した植物を食草にし

図 4-5　(上 2 点)シカに皮をはがされた樹木．(右上)知床のエゾシカ．(右中)日光で，シカから苗木を守るために付けられたプロテクター．(右下)大台ヶ原のトウヒ林の衰退はシカの影響が疑われる．

ていた昆虫の減少や、優占種になった植物を食草とするチョウが異常に増加するなどの現象が報告されている。また、シカによる農林業被害も、深刻な問題になっている。

シカの個体群の増加には、冬季の子ジカの死亡率が低下したことや、雌《めす》の栄養状態がよくなって出生率が増加したことが寄与したと考えられている。その背景には、温暖化による積雪量の減少に加え、環境中に外来牧草が増えたことの影響が疑われている。牧場開発や、砂防工事・道路建設の際の緑化に使用される外来牧草が野生化し、かつては餌のなかった越冬場所や移動路に、餌がふんだんに存在するようになったことの影響である。

絶滅する種と繁栄する種

地球上におけるヒトの「圧倒的な優占」がもたらした現在の急速な環境変化は、生物進化のありかたを大きく変化させつつある。

どのような種や個体群（集団）が、環境変動を超えて持続可能であろうか。答えは、個体数が多く、遺伝的変異が大きい集団である。そのような集団は、さまざまな偶然の作用で絶滅する可能性が低いだけでなく、適応進化によって新しい環境のもとで繁栄することができる。

害虫・雑草・病原生物・侵略性の高い外来生物のように、すでに人間が改変した環境に適応しており、生まれてから子をつくるまでの世代時間が短く、高い増殖率を示し、個体数が多く、遺伝的な変異を豊富に保有している生物がそれにあたる。

これに対して、すでに個体数を減らし遺伝的な変異を失っている絶滅危惧種や、自然性の高い環境に生息する種、ゾウ・ゾウガメ・大型のクジラのように、体が大きく世代時間が長い長寿命の生物は、適応も存続も難しい。

そのため、いましっかりとした対策をとらなければ、ヒトにとって厄介《やっかい》な生物が、ヒトがつくり出した環境に適応して繁栄し、その一方で、多くの種が絶滅して有用な生態系サービスと戦略情報が失われるだろう。それは、人間社会の持続可能性にとって、たいへん厳しい未来である。

5　危機を乗り越えるために

危機の直視から

ヒトは、あまりに大きな危険に直面したときは、むしろ危機意識が薄れて、恐怖心がまひしてしまう。そのような心理状態に陥ると、危機を回避するための適切な行動がとれない。さらにそれが高じると、自殺行為ともいえるような行動をとることもあるという。

地球環境の危機がこれほど深まり、科学的にもその実態が明らかになっているにもかかわらず、いまだその解決を最重要課題にすることができていない人類は、集団的にこのまひ症状に陥っているともいえる。

昨今、地球温暖化や外来種問題に関して、必ずしも十分な専門的知識をもたない「専門家」の危機の否定・軽視の発言がもてはやされる傾向がある。人々がそれらに同調しがちなのは、まひした心に、それらが心地よく響くからだろう。だれもが、自分や子どもや孫たちの未来に大きな危機が待ち受けているとは、考えたくはない。

しかし、「甘い現状肯定論」に弱い自らの心の特性を自覚し、厳しい現状から目をそらさないことが、危機を克服し、持続可能性を確保するためには、何にも増して重要である。

温暖化対策と生物多様性の保全

人為的気候変動（**地球温暖化**）は、今後ますます人間社会と生物多様性に深刻な影響をもたらすと予測される。

温暖化の影響としてすでに数多くの報告があるのは、動物の分布域の変更や生物季節の変化である。チョウの分布域の変化、鳥の渡りや春の植物の開花など生物季節の変化は、自然に目を向けていればだれもが気づくことができるだろう。

温暖化による絶滅も、すでに起こり始めている。

一九八〇年代末、中米コスタリカのモンテベルデ雲霧林で起きたオレンジヒキガエルをはじめとするカエルの一斉絶滅の原因の一つは、温暖化にともなう異常気象の旱魃《かんばつ》だったと推測されている。

日本の河川から、天然のシロザケが今世紀中に消失する可能性も指摘されている。北海道の河川で孵化《ふか》した幼魚は、オホーツク海から北太平洋のベーリング海を経由してアラスカ湾を回遊し、成熟した後に、カムチャツカ半島および千島列島の沿岸を経由して、ふたたび生まれた川に戻って産卵する。オホーツク海の海水温は、二〇五〇年頃までに、二～四度上昇すると予測されている。シロザケの幼魚の成長期に適した海水温は八～一二度であり、海水温の上昇は回遊を阻害し、サケの生息が難しくなると予測されている。

ほかにも、急速に進む気候の変化に適応できないうえに、生息場所が分断化されていることで高緯度もしくは高標高の土地に移動することができない種や、もともと高山帯に生息する種などは、影響が深刻である。温暖化した新たな環境に適応できなければ、絶滅をさけられない。

それを防ぐためには、気候の変化を緩和し、安定化する必要がある。なかでも、温暖化の原因となる有機炭素を貯蔵してくれる、森林・湿地・土壌・海洋の保全と、生態系機能の再生が重要である。

植生と土壌には、大気の二・七倍もの炭素が貯留されている。特に大きな炭素の貯蔵庫である熱帯雨林や泥炭(コケや草などの死骸が、くさらずに堆積《たいせき》したもの)湿地の保全は、地球温暖化の緩和に大きな効果を期待できる。もし泥炭湿地を農地として開発すると、何千年もかけて植物が光合成によって生産し、泥炭として蓄積されてきた有機炭素が分解されて、大気中に放出されてしまう。

ところが、二〇〇〇年代になって欧米で石油などの化石燃料の代替として、植物を原料とした**バイオ燃料**の普及が政策化された。それにともなって、熱帯雨林や泥炭湿地を、バイオ燃料生産のための穀物畑やパームヤシ林などへ転換する圧力が強まった。

そのような農地開発は、「エコ」どころか、生物多様性を損なうだけでなく、植生と土壌に蓄積されていた有機炭素の放出をもたらす。

農地開発から五〇年後までの放出量、すなわち土地転換による**炭素負債**（二酸化炭素放出量の合計）は、どのような場所を開発してどのような作物をつくるかで大きく異なる。

現在、もっとも大きな炭素負債は、熱帯の泥炭湿地を開発してパーム油バイオディーゼルを生産する場合に生じる。それは、生産されたバイオ燃料の利用で得られる二酸化炭素の年間削減量の四二〇倍にもおよぶと推算される。

それに対して、負債がほとんどなく、持続的な削減効果が期待できるのは、汚泥や廃棄物（ゴミ）あるいは非栽培（野生）のイネ科多年草の**バイオマス**（biomass・もともとは乾燥重量で表した生物量の意味だが、ここでは生物由来の資源と定義）を利用する場合である。これらは、化学肥料や農薬を投入する必要がなく、あらゆる意味でもっとも環境に負荷の少ないバイオ燃料となる。

日本においては、古来から、燃料・建材・飼料としてのオギやススキなど茅《かや》のバイオマスの採集利用がなされ、その営みが生物多様性の維持にとって重要な役割を果たしてきた。最近では利用が放棄されたため、生物の多様性低下がもたらされている。それを再び利用することは、地球温暖化対策と生物多様性の保全の両方に寄与するだろう。

温暖化の被害を軽減するための「**適応策**」の計画・実施においても、生物多様性の保全への十分な配慮が必要である。

今後激化が予想される災害に対して、たとえば海面上昇に備えて、海岸線をコンクリートで防護するような「固い対策」だけに頼ることは、必ずしも賢明であるとはいえない。沿岸に自然の植生を取り戻し、災害防止を含む多様な生態系サービスを回復させることも取り入れた、統合的な適応策が、コストにおいても効果の面からも優れている。

このように、気候変動対策と生物多様性の保全は、相互に矛盾なく、双方にのぞましい効果がも

図 5‑1　生物多様性のホットスポット．地球に生育・生息する種の総計 44% の維管束植物(シダ植物と種子植物)，35% の陸上動物種の生息地が含まれる．34 カ所のうちの 16 カ所が熱帯林の地域である．これらの地域での森林喪失速度は速く，老齢林は人口密度のごく低い地域と保護区にしか残されていない．(Conservation International, 2005 より引用)

たらされるよう計画・実行される必要がある。

生態系ホットスポットを守る

生態系ホットスポットとは、地球規模でみて生物多様性の高い地域でありながら、絶滅の危機も高まっている地域を意味する。国際ＮＧＯ「コンサベーション・インターナショナル」は、世界に三四カ所、固有性の高いホットスポットを認めた（**図５‐１**）。

ホットスポットの生物多様性をしっかりと守ることは、地球規模の種の多様性はもとより、種内の多様性や生態系の多様性の保全にとっても大きな意義をもつ。日本は先進国ではめずらしく、生物多様性ホットスポットの一つであり、その保全は世界的にも重要な課題である。

日本列島では、一九五〇年代半ばに始まった高度成長期以降の人間活動により、すでに、原生的な森林、ダムや堰《せき》などによる分断化をまぬがれている河川、人工改変されていない自然海岸などは、大半が失われた。

図 5-2　ラムサール条約湿地.
(上) サロベツ原野，北海道.
(中左) 野付半島，北海道.
(中右) 藤前干潟，愛知県.
(左) 蕪栗沼周辺のふゆみずたんぼ，宮城県.

したがって、現在でも、原生状態を多少なりとも保っている森林、河川、沿岸の生態系はきわめて貴重である。その現状を科学的に把握し、保全や再生にむけての有効な手だてを考えることは、緊急の課題である。

湿地の保全とラムサール条約

国際的な湿地保全の枠組みとしては、「**ラムサール条約**」(正式名称「特に水鳥の生息地として国際的に重要な湿地に関する条約」)がある。

ラムサール条約は、一九七一年、イランのカスピ海沿岸にあるラムサールで採択された。

二〇〇二年の改定を経て、条約の目的は、「持続可能な開発を地球規模で達成することに貢献するため、地域や地方からのとりくみや国家的なとりくみあるいは国際協力を通じて、すべての湿地を保全し、賢明に利用すること」となった。

湿地の保全と賢明な利用を目標にするこの条約の特徴は、各国の湿地を「国際的に重要な湿地リスト」へ登録する枠組みにある。

すでに登録されている湿地面積の合計は約一八五万平方キロメートル(日本の国土面積の約四・九倍)を超える。日本では、北海道の釧路湿原やサロベツ原野、滋賀県の琵琶湖《びわこ》など、三七カ所が登録されている(**図5-2**、六一ページ参照)。

なお、ラムサール条約の対象となる湿地、すなわち**ラムサール条約湿地**は、「天然のものであるか人工のものであるか、永続的なものであるか一時的なものであるかを問わず、さらには水が滞っているか流れているか、淡水であるか汽水であるか鹹水《かんすい》(海水)であるかを問わず、沼沢地、湿原、泥炭地または水域をいい、低潮時における水深が六メートルを超えない海域を含む」と定義されている。

複合的な影響への対処

ある地域の生物多様性の低下には、一つの原因だけが作用するわけではない。いくつもの要因が複合的に作用して、効果を強め合いながら影響をおよぼすことが多い。

たとえば、河川に堰などの構造物を設置することによって生息場所の連続性が失われ、在来の魚の個体数が最小存続個体数近くまで減少したとしよう。そこに、富栄養化が加わり、水草が消えて隠れ場所がなくなり、さらに川や池の底の酸素が不足して弱った在来魚は、侵略的外来種のブラックバスのえじきになりやすくなる。これらの**複合影響**として、個体数が減少し、分断化した個体群がつぎつぎに局所的な絶滅にいたる。

このような複合的に作用する要因がまねいた生物多様性の消失に対しては、まず、それぞれの要因と関わり合いの全体を把握する必要がある。そして、取り除きやすく、除去の効果が高い要因を積極的に排除する対策や実践が効果的である。

要因ごとに、それを取り除く対策には、難易度に大きな違いがある。また、対策に有効な空間的範囲が、要因によって大きく異なることに留意する必要がある。

たとえば、地球温暖化に対しては、地球規模で連携したとりくみによる緩和策が必須であるが、農薬や化学肥料による汚染に対しては、河川の流域規模での総合的な対策が有効である。それに対して、侵略的な外来生物への対策は、より局所的な排除でも、在来生物の絶滅リスクを低減させるなどの効果をあげることができる。

持続可能な一次産業と里山

一九六〇年に約三〇億人だった世界の人口は、二〇一〇年現在、約六九億人。五〇年間で二倍以上に増えた。今後の人口動向は、人類が必要とする生態系サービスの総量に大きく影響する。

さらに、人口あたりの生態系サービスに対するニーズの拡大が、いっそう大きな影響をもたらすことも懸念される。

人口一人あたりの**エコロジカル・フットプリント**は、先進国と発展途上国の間で大きく異なる（図5-3）。エコロジカル・フットプリントとは、「生態的な足跡」の意味で、生活を維持するのに必要な陸域および水域の面積の合計である。つまり、食料などの生物資源生産に必要な土地面積、

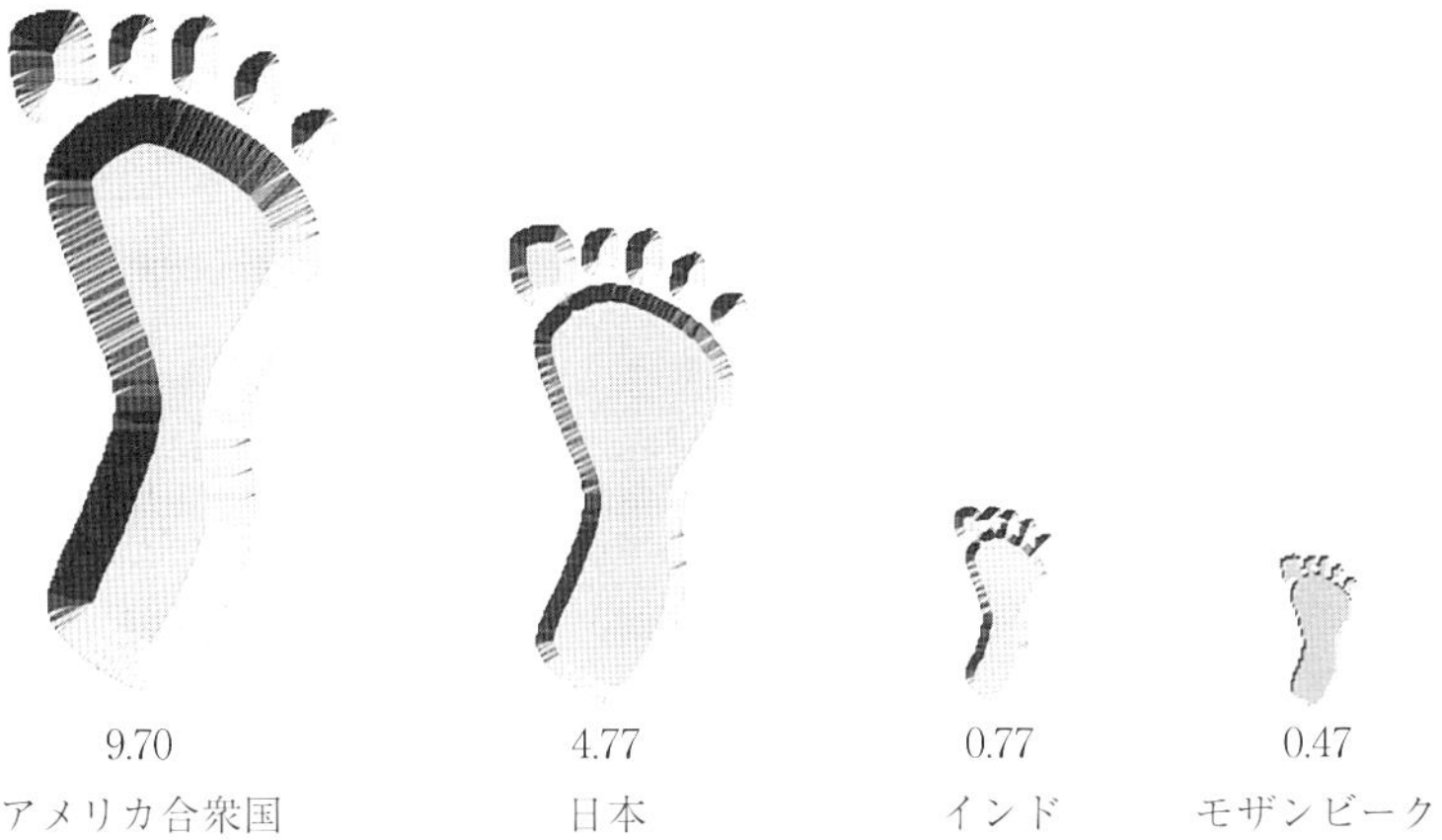

図 5-3　エコロジカル・フットプリント．国民 1 人あたりの値．単位はヘクタール．（WWF, Living Planet Report 2002 より作画）

化石燃料の使用によって放出される二酸化炭素の吸収に必要な植生面積、都市などの人工的土地利用面積を足しあわせたものである。この先、途上国におけるニーズが先進国なみに拡大すると、必要な生態系サービスの総量は激増することになる。

では、土地の荒廃をもたらすことなく、そのような生態系サービスの需要拡大に対処するためには、何が必要なのか。自然林や湿地を開発してモノカルチャー（単一栽培）の農地や人工林ばかりにするような従来型の開発は、決して持続可能な開発とはいえない。

農業や林業の場における生物多様性の保全と持続可能な利用のためには、日本の**里地・里山システム**に代表される世界に広く存在する伝統的な共生的システムに学びながら、生態学の知見も活用して「新たなヒトと自然との共生システム」を開発することが必要だ。

そうしたなか、日本は、生物多様性の保全と持続可能な自然資源・土地の利用・管理に寄与する理念を**ＳＡＴＯＹＡＭＡイニシアテチブ**として世界に発信しようとしている。

英語のSATOYAMAは、集落や水田を中心とする農地（里地）に加えて、植物資源や水資源確保に資する樹林・草原・ため池・水路など、生物多様性に重要な生息・生育場所を含む**複合生態系**をさす（**図2**-**3**参照）。

モノカルチャーのように、生物多様性や単一作物の生産以外の生態系サービスを否定する土地利用や生態系管理ではなく、生物多様性と多様な生態系サービスを維持しうる持続的な農業などの一次産業。それをそれぞれの土地の自然的・社会的条件に合った形で構築することは、持続可能な社会を築くうえでの基本的な課題である。周囲や河川流域全体の生態系の生物多様性も意識し、それを損なわない農地開発や農法の開発が急がれる。

たとえば、害虫対策に安易に農薬を使うのではなく、害虫の天敵となるクモ類やカエルや鳥の活動を保障し、害虫の発生源となる植生を適切に管理する。「生物多様性を生かし・活かす」あり方を、伝統的な手法も参考にしながら開発することは重要な課題である。

市民・企業・行政の役割と情報公開

従来からの社会経済システムや人々のライフスタイルの現状を前提とする限り、地球温暖化や生物多様性の低下のような地球規模の課題を根本的に解決することは、不可能であることが明らかになってきた。これらの問題を解決し、持続可能な社会を築くためには、ライフスタイルと社会経済システムの変革が必要である。

その鍵をにぎっているのは、市民である。新たな価値観にもとづくその消費行動は、企業を変え、社会全体に大きな影響をおよぼす可能性をもつ。ヨーロッパでは、一九九〇年代以降、「持続可能な消費」「消費者市民社会」といったキャッチフレーズのもと、さまざまな実践が始まっている。

環境保全に配慮した商品を積極的に選択するという市民の購買行動は、新たな社会的目標の実現に貢献する。たとえば、熱帯林の木をすべて伐って造成したプランテーションで栽培したコーヒー

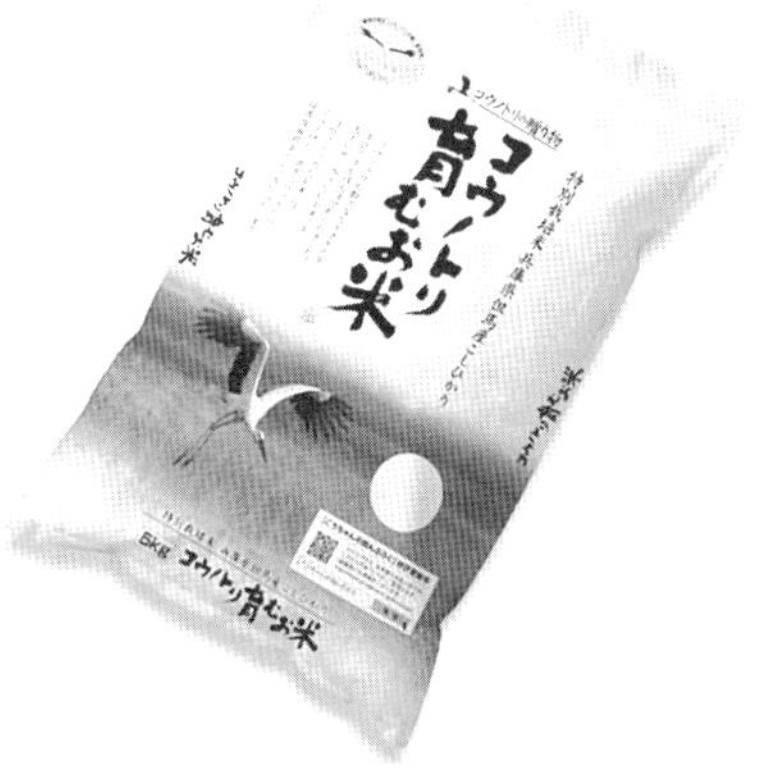

図 5-4　豊岡市の田んぼでえさをとるコウノトリと，低農薬で育てられた「いきものブランド」の米．（写真提供：豊岡市）

ではなく、木々を残し、その陰で栽培されたコーヒーなど、生物多様性に負荷を与えないやり方で生産された農作物を、価格が多少高くても積極的に選択する、意識の高い消費者やそのニーズに応える供給者が増えている。

日本においても、日本有数のマガンの越冬地である宮城県の蕪栗沼《かぶくりぬま》とその周辺では、冬季に水田に水を張ってマガンのねぐらとして活用する「**ふゆみずたんぼ**」のとりくみが進められ、自然と共生する農業のモデルとして注目を集めている（図**5-2**参照）。蕪栗沼は周辺の水田とともにラムサール条約にも登録されており、水田の湿地としての重要性が世界的に認識されるきっかけともなった。

コウノトリの野生復帰を進めている兵庫県豊岡市では、コウノトリを育む農法（農薬や化学肥料の使用をひかえるなど、コウノトリの餌となるカエルなどが生息できる条件を確保しながら稲を栽培する新しい農法）によって栽培された米が、「**いきものブランド**」として、環境保全意識の高い消費者に人気を博している（図**5-4**）。そのような購買行動は、生物多様性に与える負荷の少ない商品やサービスの提供者を支援する。

しかし、広範な市民がそのライフスタイルを変え、生物多様性の保全につながる行動を選択するには、適切な選択に必要な情報が提供されること、さらには、情報を獲得し、理解するためのリテラシー（基本能力）を身につける教育・学習の機会が欠かせない。

また、企業が提供する商品やサービスが、そのサプライチェーン（原材料の調達から生産・販売・物流を経て消費者に届くまでの、商品・サービス提供にかかわる一連の産業活動の流れ）、さらには消費者の利用の後に廃棄される過程も含めた商品のライフサイクル全体を通して、生物多様性におよぼす負荷が科学的に評価され、その情報が公開される必要がある。

生物多様性だけでなく、より広い環境への負荷に関して、「テレビ」について例示してみよう。使われているさまざまな部品の原料の調達や加工に使われるエネルギー量、有害物質の量などの加工・生産過程での環境負荷、テレビを消費者が使用する際の電力消費量、テレビを処分する段階で再利用できずに捨てられる部品がどの程度あるかなど、あらゆる段階での負荷が総合的に評価され、情報が公開されることがのぞまれる。

市民の生活が生産者や企業から提供される商品とサービスに依存しているため、生物多様性に負荷を与えない商品が提供されなければ、のぞましい行動は選択できない。

そのためにも、「生物多様性にやさしい商品」を提供する生産者や企業が価格など競争上の不利益を受けず、逆に環境負荷を与える企業を市場からすみやかに退場させるためのしくみとして、行政には透明性の高い情報公開システムや認証ラベルなどの制度を整えることが求められている。

企業戦略との関わり

日本においても、環境意識の高い消費者層が育ちつつある。持続可能性を重視する企業は、その消費動向をしっかりと把握することが必要だろう。

なかでも「生物多様性こだわり層」を引きつけるブランドの開発は、企業の戦略としても意義が大きい。なぜならば、生物多様性に関心の高い消費者は、しっかりした識別眼をもち、理念を重視する「手堅い」顧客、つまり、一度よいと認めればその後もその商品を支持し、人にもすすめてくれる強力なサポーターとなる可能性が高いからだ。

今後、消費者がいっそうリテラシーを高め、情報提供の質や透明性が高まれば、企業の生物多様性にかかわる**ＣＳＲ**（Corporate Social Responsibility・**企業の社会的責任**）として行われている活動が単なる**グリーンウォッシュ**（本業で環境に大きな負荷を与えながら、環境保全に熱心であるかのようなイメージを消費者に与えるために行われる環境保全活動）であったとき、それには厳しい批判の目が向けられるようになるだろう。

そのような将来を見すえ、サプライチェーンと商品のライフサイクルに関して自ら厳しい基準を課して、商品・サービスを提供することは、企業の持続可能性のための要件である。

また、生物多様性への姿勢をアピールするＣＳＲとしては、単なる「植樹」などではなく、侵略的外来生物排除の対策など、生物多様性の保全にとってより本質的な対策への参加や支援を検討することが必要だろう。

その際、中途半端な理解では、その意図とは裏腹に、環境負荷を与える活動に荷担する可能性もある。専門的な知識をもつＮＧＯなどとの協働を考える必要があるだろう。

生物多様性条約と生物多様性基本法

国際的なとりくみとしてまずあげられるのが、**生物多様性条約**（正式名称「生物の多様性に関する条約」Convention on Biological Diversity・ＣＢＤ）である。

生物多様性条約は、気候変動枠組み条約とならぶ地球環境保全のための国連の条約として、一九九二年にブラジルのリオ・デ・ジャネイロでの国連環境開発会議、いわゆる**地球サミット**で採択（議案を選んで採用すること）された。

条約の目標は、生物多様性の保全と持続可能な利用、およびその利用によって得られた利益の公平な配分である。二〇一〇年四月現在、一九二カ国とEU（欧州連合）が加盟している。

二〇一〇年は、国連が定めた国際生物多様性年であり、生物多様性条約の第一〇回締約国会議（Conference of the Parties・COP《コップ》10）が日本で開催された（六一ページ参照）。

二〇〇二年の締約国会議（条約を結んでいる国が集まる会議）では、「生物多様性の損失速度を二〇一〇年までに顕著に減少させる」という目標が採択されていた。COP10では、その成果を評価し、「愛知目標」を含む二〇二〇年までの戦略計画が採択された。

二〇一〇年五月、生物多様性条約事務局が公表した「地球規模生物多様性概況第3版」（Global Biodiversity Outlook 3・GBO3）によると、二〇一〇年目標の設定後にとられた多くの行動は意義が大きく、ある程度の成果をあげた。しかし多くの場所において、多様性低下への圧力を減らせるほどには十分ではなく、その原因は広範な政策・戦略・プログラムに、生物多様性が十分に配慮されていないことによると評価した。

さらに、現在の傾向から推測して作成された多くの将来シナリオでは、多くの絶滅と生息・生育場所の消失、それにともなう重要な生態系サービスの喪失が続くと予測された。評価項目のうち地球規模で目標を達成したものはなく、ほとんど進展がみられなかった評価項目として「持続可能ではない生物資源の利用」などがあげられている（六一ページ参照）。

日本では、二〇〇九年に前文に加え二七条からなる、**生物多様性基本法**が制定（法律を定めること）されている。この基本法は、国内外における生物多様性が危機的な状況にあることや、日本の経済社会が世界と密接につながっていることを踏まえて、国の生物多様性の保全と持続可能な利用に関するあらゆる政策を総合的・包括的に律するという性格をもつ。今後、生物多様性にかかわりのあるあらゆる法律や計画を、生物多様性基本法に示された理念や方針に照らしあわせて、点検することがのぞまれる。

生物多様性基本法では、生物多様性条約締約後すぐに策定（考え定めること）され、三回の改訂を重ねていた**生物多様性国家戦略**を、法律に基づく戦略として義務化した。

生物多様性国家戦略は、日本の生物多様性の保全と持続的な利用に関する基本方針で、新たな脅威に対する保全の強化、すでに失われた自然の再生、持続可能な利用を大きな柱としている。

生物多様性基本法では、「保全と持続可能な利用」にあたって、「予防的なとりくみ方法」および「順応的なとりくみ方法」をもって対処すべきことを基本原則（第三条）として掲げている。生物の多様性の状況の把握や監視、調査の実施やその体制の整備と適切な指標の開発（第二十二条）、およびこれにかかわる科学技術の振興のための必要な措置（第二十三条）を講ずるとするなど、科学的なアプローチを尊重している。

また、多様な主体の連携や協働、自発的活動などを重視し、民意を反映するための公正性・透明性のプロセスを重視した政策形成のしくみの活用を図る（第二十一条）とも述べており、市民や地域の主体的な参加を重視している。

なお、これまで公共事業等は、生物多様性に影響をおよぼすことが少なくなかった。基本法第二十五条において、生物多様性に影響をおよぼすおそれのある事業に関しては、計画段階での**環境影響評価**（環境への影響を事前に調査・予測し、保全に必要な措置を検討すること。**環境アセスメント**）の実施を求めており、環境影響評価法が改正される折には、その趣旨を活かす評価が取り入れられることになる。

生物多様性基本法が総合的・包括的なものであることを端的に示す条項は、生物多様性に配慮した事業活動の促進について述べた第十九条である。その第二項では、本書でもすでにその必要性を指摘した、国民が生物多様性に配慮した商品や活動を選択するために必要な情報提供や、その理解に必要な措置を国が講ずることを明記している。

6　未来をひらく自然再生へ

生態系修復の実践や事業は、日本の自然環境政策においては、「**自然再生**」とよばれる。

世界に目を向けると、多様な自然再生のプロジェクトが行われている。アメリカ合衆国ではフロリダ州で広大なエバーグレーズ湿原を再生するプロジェクトなど、流域全体の大規模な自然再生が進められている。

このような実践の歴史が一九世紀末までさかのぼるイギリスでは、鉱山開発等ではげ山が広がっていた地域にも、緑豊かな田園風景が戻っている。たとえば、長野県信濃町の「アファンの森」の自然再生で有名な、作家のC・W・ニコルさんの故郷、南ウェールズでも、一九世紀の産業革命にともなう石炭の採掘とその後の廃坑で荒れ果てた土地での永年の努力が実り、谷筋から山の上まで森がよみがえっている。

かつては大気汚染とテムズ川の汚染がひどかったロンドン市でも、これらの問題が解決しただけでなく、いくつもある広い公園にはブナなどの樹林が育ち、水辺とともに人々に憩いの空間を与えている。最近では、テムズ川河畔のビクトリア時代の貯水池の跡地を、NGOが主体となって氾濫原湿地に自然再生した（図6-1）。さらに、市独自の生物多様性戦略が策定され、生物多様性をいっそう豊かにする多様なプロジェクトが進められている。

日本でも、自然再生事業の理念や手順等を定めた「**自然再生推進法**」が二〇〇三年から施行されている。同法では、自然再生を「過去に損なわれた生態系その他の自然環境を取り戻すことを目的とする事業」と定義している。

現在では、全国二〇カ所以上で同法にのっとった自然再生事業が実施されている（六一ページ参照）。対象としている生態系は、森林・草原・里山・湿

図 6-1　ロンドン湿地センター．遠くに見えるのは住宅地．

図 6-2　岩手県久保川の自然再生地．（上）セイタカアワダチソウとセイヨウタンポポの除去．（左）ニッコウキスゲの咲き乱れる里山．（写真提供：知勝院）

原・河川・干潟・サンゴ礁と多様であるが、ウェットランドの比率が高く、世界的な傾向ともよく一致している。同法は、多様な主体が協議会をつくって参加し、ボトムアップで計画や実践を進める手順を定めている。

二〇〇九年春に二一番目の協議会として計画を策定した久保川イーハトーブ自然再生協議会(岩手県)は、里地・里山の生物多様性の保全のための自然再生にとりくんでいる(図6-2)。協議会設立後、最初に着手したのは、外来生物への対応策である。対象地域には一〇〇〇を超えるため池があり、その多くが良好な生物相を保っているが、水生昆虫などを捕食する侵略的外来種であるウシガエルの影響が広がり始めている。その影響を軽減するための対策として、科学的な評価に基づくウシガエルの排除が行われている。

自然再生推進法に基づくものだけでなく、現在では多様な自然再生のとりくみがはじまっている。各省が独自に進める自然再生事業も一五〇カ所以上を数えることができるという。さらに、市民主体、地域主体の小規模でも創意工夫に満ちたさまざまな「自然再生」が各地で着手されている。それらも絶滅危惧種の淡水魚や水草、あるいはトンボなど、ウェットランドの生き物をシンボルもしくは指標としたものが少なくない。

降水量が多く、水も豊かで湿地の再生が容易であり、また、種子の供給源さえ近くにあれば自然に森が回復することを期待できる日本では、比較的短時間のうちに自然再生の成果をあげることができる。

生態系のはたらきだけではなく、生物多様性の保全や回復にも目をむけた自然再生が、地域の人たちの手でいっそう活発に進められ、もとより豊かで固有性が高い日本列島の自然がいっそう魅力的なものとしてよみがえり、私たちだけでなく後の世代の人々にも多くの恵みを与えてくれることを願いつつ、ここに筆をおく。

関連ウェブサイト(URLは2011年3月現在)

【本文3章20ページ】

生態系と生物多様性の経済学(TEEB)の最終報告(英語)

http://www.teebweb.org/InformationMaterial/TEEBReports/tabid/1278/Default.aspx

【本文4章29ページ】

レッドデータブックとレッドリスト(環境省関連ホームページ)

http://www.biodic.go.jp/rdb/rdb_f.html

【本文4章39ページ】

セイヨウオオマルハナバチの捕獲・目撃情報(東京大学DIASのホームページ)

http://dias.tkl.iis.u-tokyo.ac.jp/seiyou/

【本文5章49ページ】

ラムサール条約とラムサール条約湿地(環境省ホームページ)

http://www.env.go.jp/nature/ramsar/conv/

【本文5章56ページ】

生物多様性条約の概要と国際的な動き(環境省関連ホームページ)

http://www.biodic.go.jp/cbd.html

地球規模生物多様性概況第3版(GBO3)の概要(環境省関連ホームページ)

http://www.biodic.go.jp/biodiversity/jbo/jbo/reports/gbo3.pdf

【本文6章58ページ】

日本における自然再生協議会の設置箇所(環境省ホームページ)

http://www.env.go.jp/nature/saisei/network/about/data/new_1.pdf

参考図書・文書

日本学術会議統合生物学委員会(2010)提言:「生物多様性の保全と持続可能な利用——学術分野からの提言」

日本学術会議日本の展望地球環境問題作業分科会(2010)提言:「日本の展望——地球環境問題」

鷲谷いづみほか(2010):『現代生物科学入門6　地球環境と保全生物学』,岩波書店

鷲谷いづみ(2010):『岩波科学ライブラリー　にっぽん自然再生紀行』,岩波書店

鷲谷いづみほか(2010):『保全生態学の技法』,東京大学出版会

鷲谷いづみ(2008):『絵でわかる生態系のしくみ』,講談社

鷲谷いづみ(2006):『サクラソウの目　第二版』,地人書館

鷲谷いづみ(2001):『生態系を蘇らせる』,日本放送出版協会

千坂げんぽう(2010):『樹木葬和尚の自然再生』,地人書館

図版提供(敬称略)

図1-1　KENPEI's photo(Wikimedia Commons より GNU Free Documentation License に従って引用)　**図4-4**　左上・左中：石井潤　左下：宮脇成生　右上：H. Zell(Wikimedia Commons より GNU Free Documentation License に従って引用)　**表4-2** グリーンアノール：Eu-ku(Wikimedia Commons より GNU Free Documentation License に従って引用)　ブラックバス：国土交通省福島河川国道事務所((財)リバーフロント整備センター,「改訂版 河川における外来種対策の考え方とその事例」より引用)　**図5-2**　中右：梅村幸稔(特定非営利活動法人藤前干潟を守る会)　中左：田中克哲(認定 NPO 法人 ふるさと東京を考える実行委員会)　左：宮城県大崎市田尻総合支所産業建設課

索引

鷲谷いづみ
1950年東京生まれ．東京大学大学院農学生命科学研究科教授．日本学術会議会員，中央環境審議会委員．専門は，生態学・保全生態学．現在は生物多様性保全に関する幅広いテーマの研究をすすめている．著書に『にっぽん自然再生紀行』(岩波科学ライブラリー)，『天と地と人の間で――生態学から広がる世界』(岩波書店)，『サクラソウの目――保全生態学とは何か』(地人書館)，『絵でわかる生態系のしくみ』(講談社)，『現代生物科学入門6 地球環境と保全生物学』(共著，岩波書店)など多数．

〈生物多様性〉入門　　岩波ブックレット 785

2010年6月9日　第1刷発行
2019年10月15日　第8刷発行

著　者　鷲谷《わしたに》いづみ

発行者　岡本　厚

発行所　株式会社 岩波書店
〒101-8002 東京都千代田区一ツ橋2-5-5
電話案内 03-5210-4000　営業部 03-5210-4111
https://www.iwanami.co.jp/booklet/

印刷・製本　法令印刷　　装丁　副田高行　　表紙イラスト　藤原ヒロコ

ISBN 978-4-00-270785-3　　Printed in Japan